日本の情報機関は世界から舐《な》められている

自衛隊情報下士官が見たインテリジェンス最前線

元自衛官・北朝鮮研究者
宮田敦司
Miyata Atsushi

潮書房光人新社

はじめに――下士官だから見えたもの

北朝鮮の弾道ミサイルの脅威が高まるなか、防衛省が収集している軍事情報の重要性が日増しに高まっている。新聞には毎日のように北朝鮮に関する記事が掲載され、駅の売店やコンビニでは金正恩の顔と特大の見出しが躍っている新聞や雑誌を見かけることもある。

こうしたニュースを眺めていると、あたかも北朝鮮情勢だけが緊迫しているように思えてしまうが、実はそうではない。北朝鮮の激しい動きの裏に隠れるかのように、中国軍とロシア軍の動きが活発になっている。

その動きは、まるで日本列島を取り囲むようだ。とくに中国軍の動きはしたたかだ。尖閣諸島に目を奪われているうちに、筆者が知っているだけでも三〇年という時間をかけて、真綿で首を締めるかのように日本の領域へ攻め込んできている。

広い視野で日本の周囲をよくよく観察してみると、日本は激流の渦のなかにいることがわかる。気が付いたら周囲が激流になっていたのだ。なぜそれに気付かなかったのだろうか？　その理由のひとつは、「情報」（インテリジェンス）を生産する現場が問題だらけだからだ。

筆者は自衛隊に一七年間在籍していたが、そのうちの大半の時間を北朝鮮情報に費やした。防衛省が抱える情報組織は日本の情報組織のなかでは最大規模であり、任務が異なる様々な組織が存在している。筆者はそのうちのいくつかの組織に関係してきた。

その組織は、名称は公表されていても任務は公表されていない。とはいえ、大部分は関係法令や国会の議事録を詳細に読めばわかるような、公然の秘密のような組織が大部分だ。しかし、筆者が関係した組織にはインターネットでどんなに調べても任務の内容が分からない組織もあった。

筆者が自衛隊を退職したのは二〇〇五年だが、自衛隊退職後にも防衛省以外の情報組織とのお付き合いが続いているので、現職自衛官の時よりも日本の情報組織について、いろいろと知ることができた。

防衛省に限っていえば、技術の進歩により電波情報や画像情報の収集手段や手法が変化した以外は、筆者が知る限りでは「情報機能の強化」という掛け声とは裏腹に、新しい組織はできても分析能力が向上したわけでもなく、情報の流れが大きく変化したわけでもない。情報が加工されてゆく一連の過程も変化していないし、おそらく、本書で明らかにした問題点も解消されていないだろう。

少し偉そうなことを書いてしまったが、筆者は航空自衛隊の下士官であり、退職時の階級は二等空曹（軍曹）だった。二曹という階級は、北朝鮮の軍事動向についてテレビで解説しておられる将官（将軍）の方々とは天と地ほどの立場の違いがある。

将官になるような人物ともなれば、若くして公費で海外の大学院へ留学し、その後も高級指揮官になるための高度な教育を受けているのだが、残念なことに階級と情報の分析能力は必ずしも一致していないのである。

ただ、これらの方々とは一線を画した鋭い分析をしている方がいらっしゃることも、自衛隊の名誉のためにも付言しておきたい。とくに自衛隊退官後にシンクタンクの研究員や大学教授になるような方の見識の高さには頭が下がる。このような熱心な指揮官のもとで働くことができた隊員は本当に幸運だったと思う。

筆者が三〇代で自衛隊を退職した最大の理由は、このような立派な指揮官に出会えなかったからではなく、防衛省の情報組織には未来がないと感じたからだった。

価値観は人それぞれだが、たとえ（可能性はゼロだが）高級幹部になれるという道が目の前にあったとしても退職していただろう。一度しかない人生なのに、このような組織で人生の大半を過ごすことに虚しさを感じたからだ。それに、自衛隊で幹部（将校）になることに何の価値も見いだせなかった。

旧日本軍の「作戦重視・情報軽視」の体質を受け継いでいる自衛隊では、情報の道に進むことは出世の道が閉ざされることになるという悪しき風習がある。このため、情報の分野には優秀な指揮官が少ない。

自衛官の定年は階級にもよるのだが五四歳前後である。情報関係の職にある一部の隊員は定年を延長することができる。しかし、六〇歳まで慣れた仕事を続けて、経済的に安定した生活を送ることができるにもかかわらず、定年を延長したくないという大先輩は少なくなかった。大先輩方も自分の仕事に疑問を持っていたのかもしれない。

このような文章を書いてしまうと、「たかだか二曹のくせに何が分かる！」と言われそうだが、二曹という現場監督のような立場だからこそ分かること、知ることができることは意外に多い。例えば、外国の軍用通信を傍受して得られたナマの情報に防衛大学校を卒業したエリート幹部は触れたことがないだろう。現場を経験すれば、加工前の細かな情報に触れることができるだけでなく、細かな情報の重要性も楽しさも知ることができる。

こうした現場での経験（下積み）もないままに、加工済み（取捨選択済み）の大雑把な情報だけで分析を行なうと、結論がとんでもない方向へ行ってしまうことがある。もちろん、それぞれの段階での情報の取捨選択がしっかりと行なわれていれば、加工済みの情報だけで分析しても問題はないのだが。

抽象的な記述になってしまったが、このあたりの諸問題については本文で具体的に触れることにしたい。

本書での記述は、自衛隊に恨みを持っているわけではないが総じて批判的である。また、自画自賛的な記述がところどころにある。自画自賛の部分はご笑覧していただきたいが、情報組織の実態をわかりやすく説明するために、このような形式をとった点はご理解をいただきたいと思う。

筆者

目次

第四章 目の前の危機・北朝鮮軍への備え――105

本文中に掲載された写真の提供者は、それぞれキャプションの末尾に〔　〕で示した。表示のない写真は著者の提供。

日本の情報機関は世界から舐《な》められている

自衛隊情報下士官が見たインテリジェンス最前線

装幀　渡部和夫（Watanabe Office）

第一章　防衛省の情報組織

電波情報への偏重

日本には内閣情報調査室（内調）をはじめ、警察庁（公安警察）、外務省国際情報統括官組織、防衛省情報本部、公安調査庁、海上保安庁警備救難部などの情報組織がある。

日本の主要情報組織の人員は四〇〇〇人以上とされるが、様々な組織が収集・分析した情報を統合する組織はない。形式上、内調が各省庁の組織が収集した情報を取りまとめるという位置づけにあるのだが、「情報機関」と呼べるような能力はない。

日本で最大の情報組織である防衛省情報本部の任務は、軍事情報をはじめ様々な分野の情報を集約し、総合的に処理・分析して「情報」を作成するとされている。

広範囲な情報を収集している情報本部だが、収集される情報に占める電波情報の割合は高い。

情報本部の人員は全体で約二四〇〇人。このうちの一四〇〇人以上が電波情報を収集する電波部の所属となっている。

防衛省ではこのほかにも、海上自衛隊（以下、海自と記述）が第八一航空隊、航空自衛隊（以下、空自と記述）が作戦情報隊と電子飛行測定隊で電波情報を収集している。

日本の主要情報組織の人員約四〇〇〇人のうち、防衛省だけで一四〇〇人以上の人員が電波情報の収集に従事していることを考慮すると、日本の情報組織の情報活動は電波情報に偏重しているといえる。

もちろん、単に人数だけで「偏重」と言い切ることは出来ないが、諸外国の情報組織が情報の九割以上を公開情報で収集しているのと比べると、防衛省の情報組織の公開情報の収集能力は高いとはいえない。

筆者の経験から言うと、空自の公開情報への予算配分の少なさは異常ともいえるものだった。問題は予算だけでなく、筆者が所属していた市ヶ谷（東京都）の資料隊は、資料を大量に保管する必要があるのに書庫が狭すぎたことだった。

本来なら公立学校の図書室程度のスペースは必要なはずなのだが、あまりにも狭いために古い書籍は処分していた。古い書籍にも価値はあるのだが、保管場所がないのでやむを得なかった。筆者は処分する前に重要な部分を切り抜いたり、コピーして個人的に保管していた。

これには、資料隊のスペースの半分を情報本部にもっていかれたという経緯がある。市ヶ谷の情報関係の組織が入るC棟の設計段階では、情報本部にその部署が存在しなかったからで、情報本部設立時の防衛庁（当時）の計画の甘さの煽りをモロに受けてしまったのだ。あとから部署を増やして「情報機能の強化」を進めるのはいいのだが、庁舎の物理的な面積は同じなので、どこかの部署がしわ寄せを受けることになる。

対等ではない米国との関係

電波情報の収集能力は防衛秘密（特定秘密）に属する。しかし、情報本部電波部の前身である「調別」（陸上幕僚監部調査部調査第二課別室）の収集能力が、一九八三年に発生したソ連空軍機による「大韓航空機撃墜事件」で知られることになった。

一九八三年九月一日、ニューヨーク発アンカレジ経由ソウル行きの大韓航空〇〇七便が本来の航路を大きく外れて旧ソ連の領空を侵犯し、サハリン上空で旧ソ連軍戦闘機が発射したミサイルにより撃墜された。機体はサハリン南西のモネロン島沖に沈み、乗客・乗員二六九人（うち日本人二八人）全員が死亡した。

この事件では、ソ連は当初関与を認めなかった。自衛隊はソ連軍の通信を傍受していたのだが、こうした情報を入手できていることを公表してしまうと、ソ連軍が周波数や暗号などを変えるため、それ以降、傍受が困難になるという大きなリスクがある。

米国は、ＮＳＡ（国家安全保障局）が独自に傍受した情報と、「調別」東千歳通信所の稚内分遣班が傍受して米国に提供された情報の、二つの異なる交信記録を入手していたともいわれている。

稚内の施設はもともと米軍が運用しており、一九七五年に日本側に全面的に返還されたのだが、稚内で傍受した内容が三沢基地の米空軍「第六九二〇電子保安群」で分析され、最終的にＮＳＡが撃墜の事実を確認したようだ。

ＮＳＡの元職員が、「傍受した記録テープが寿司の箱に入れられていたため、段ボール箱を開けたとたんに魚の臭いがした」と証言していることからも、「調別」稚内分遣班からＮＳＡへ直接テープが手渡されたことを裏付けている。

日本は米国と同盟関係にあるにもかかわらず、情報共有という意味では、まったく信用されていない。

ＮＳＡと多くの秘密情報を共有している、イギリス、カナダ、ニュージーランド、オーストラリアで構成される「ファイブ・アイズ」に日本は入っていない。米国と同盟関係にあっても「強固な同盟関係」にあるとは思えないような三三の国で構成される「サード・パーティー」に日本は含まれている。

日本政府は何かと米国との強固な同盟関係をアピールするが、米国にとって日本は、少なくとも情報共有に関しては対等な関係にあるとはいえない。ＮＳＡの監視対象になっている日本へ、重要な情報を渡さないのは当然のことだ。日本の首相が米国との「パートナーシップ」をいくら強調しても、現実の日米関係には（情報の分野に限っていえば）「パートナーシップ」など存在していない。

それにしても、「大韓航空機撃墜事件」でソ連軍の交信を翻訳した、自衛隊のロシア語の語学員は相当熟練していたのだろう。ソ連軍が撃墜したという決定的証拠であるうえ、のちに国連で公表するものなので誤訳は絶対に許されない。

ただでさえロシア語は難しいのに、無線機を通じた明瞭とは言い難い交信内容を正確に解明する作業は大変だったと思う。筆者も無線交信の内容を翻訳したことがあるが、すべてを完璧に翻訳することは相当難しい。

「友好国」への依存

日本は「友好国」と軍事情報の交換を行なっている。しかし筆者の経験から、「友好国」からもたらされる情報のすべてが「正確な情報」とはいえない。もし「友好国」に対して「不正確な情報を渡すな」と文句をつけたら、「正確な情報」も来なくなるだろう。

「友好国」の国益と日本の国益は必ずしも一致しているわけではないから、日本は何か重要な決定を下す場合は、信頼性の高い情報をもとに分析を行ない、判断しなければならない。そのためには「正確な情報」が必要となる。

どんな商売でも情報がなければ仕事にならない。ましてや国の運営となれば「不正確な情報」は徹底して排除し、正確な情報のみで判断する必要がある。

日本は安全保障に関する情報を「友好国」に依存しているという意味においては、独立国とはいえない。防衛省は独自の情報収集能力と分析能力を向上し、「友好国」の情報を独自の情報と比較・検討することで、情報の信頼性や整合性を検証するくらいの能力を持つ必要があるのではないだろうか。

その能力は、情報収集に必要な各種器材といったハード面だけでなく、高度な分析担当者の育成といったソフト面も含まれる。

ウサギは速い脚と長い耳を持っている。速い脚があれば敵から逃げることができる。しかし、長い耳で小さな音をキャッチし危険を感じ取ることが出来なければ、逃げる前に敵にやられてしまう。ハリネズミのように身を守る武器をもたないウサギは、敏感な耳と速い脚で身を守っている。

日本は敵の攻撃を跳ねのける強固な防衛手段を持っていないため、ハリネズミのような対応はできない。それでも独立国家でいるためには、軍事以外の分野でも、常に敵よりも優位なポジションに立ち続けなければならない。そのためには日本独自の「長い耳」が必要となる。

筆者の自衛隊の情報組織における経験は極めて限定されたものであり、全体の一〇万分の一以下かもしれないが、末端組織の分析担当者として「友好国」からもたらされる「不正確な情報」には悩まされた。筆者のレベルでもそうだったので、おそらく外交を含む、あらゆる分野で「不正確な情報」がまかり通っていたことだろう。

もしかしたら、現在は「不正確な情報」はもたらされていないかもしれない。本書に書いた筆者の体験を防衛省は「事実無根」と全面否定するだろうが、事実かどうかは当時のナマのデータ（電文）と「友好国」から渡された資料が保管されていれば証明できる。もう二〇年以上前の話なので破棄されているかもしれないが。

ここで、防衛省と陸海空自衛隊の持つ情報組織にはどんなものがあるか見てみよう。

◇防衛省の主な情報組織

防衛省 防衛政策局 調査課

情報本部

総務部、計画部、分析部、統合情報部、画像・地理部、電波部で構成。電波部は本部と六つの通信所と三つの分遣班で構成。

陸上自衛隊

▼中央情報隊

・基礎情報隊（市ヶ谷駐屯地）

・情報処理隊（市ヶ谷駐屯地）

・地理情報隊（東立川駐屯地）
・現地情報隊（朝霞駐屯地）
▼北部方面情報隊（札幌駐屯地）
・第三〇一沿岸監視隊（稚内分屯地）
派遣隊（礼文分屯地）
・第三〇二沿岸監視隊（標津分屯地）
羅臼分室（羅臼）
・北部方面無人偵察機隊（静内駐屯地）
・北部方面移動監視隊（倶知安駐屯地）
▼東北方面情報処理隊（仙台駐屯地）
▼東部方面情報処理隊（朝霞駐屯地）
▼中部方面情報隊（伊丹駐屯地）
・中部方面無人偵察機隊（今津駐屯地）
・中部方面移動監視隊（今津駐屯地）
▼西部方面情報隊（健軍駐屯地）
・西部方面通信情報隊（健軍駐屯地）
・西部方面無人偵察機隊（飯塚駐屯地）
・与那国沿岸監視隊（与那国駐屯地）

海上自衛隊

▼情報業務群（横須賀基地・船越地区）

・作戦情報支援隊（横須賀基地・船越地区）

・基礎情報支援隊（市ヶ谷基地）

・電子情報支援隊（横須賀基地・船越地区）

▼海洋業務・対潜支援群（横須賀基地・船越地区）

・対潜資料隊（横須賀基地・楠ケ浦地区）

・対潜評価隊（横須賀基地・船越地区）

・沖縄海洋観測所（沖縄基地）

・下北海洋観測所（青森県下北郡）

・鹿児島音響測定所（霧島市）

・第一海洋観測隊（横須賀基地）

・第一音響測定隊（呉基地）

▼第八一航空隊（岩国航空基地）

航空自衛隊

▼作戦情報隊（横田基地）

・作戦情報処理群
第一、第二警戒資料処理隊
・電波情報収集群
第一、第二、第三、第四収集隊
・情報資料群
第一、第二資料隊
▼電子飛行測定隊（入間基地）
▼偵察航空隊（百里基地）

自衛隊情報保全隊

日本のインテリジェンスコミュニティー

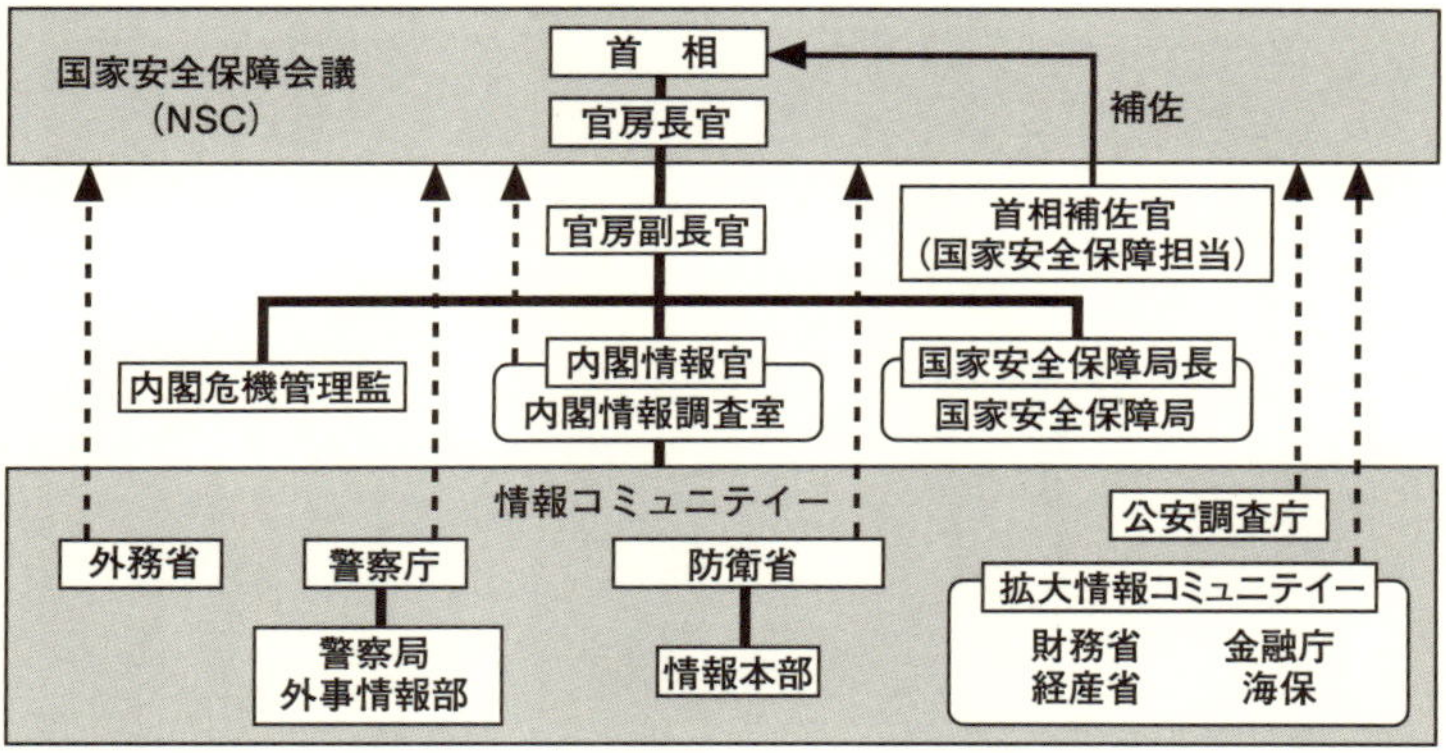

防衛省情報本部の組織

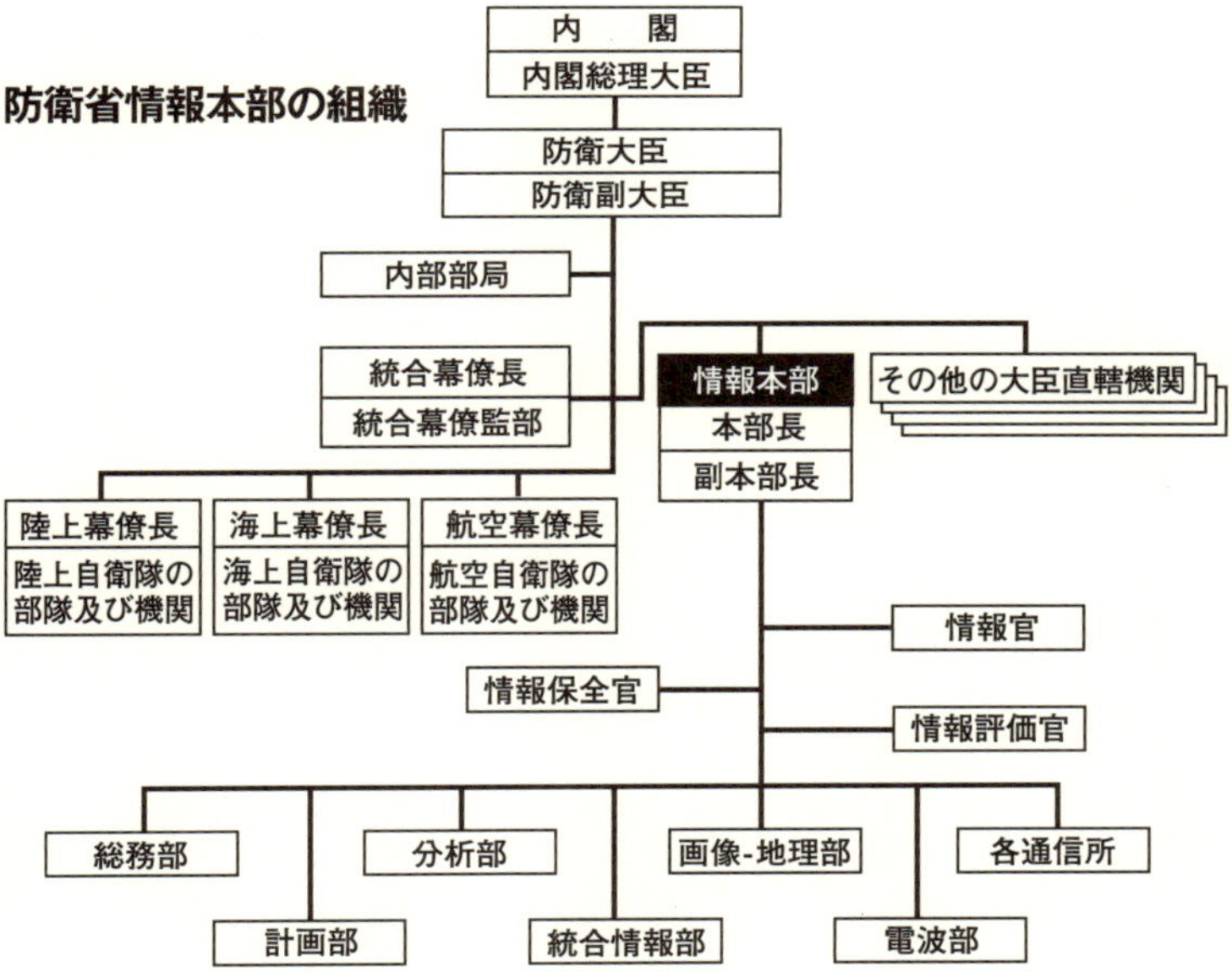

第二章　情報活動のサイクル

情報活動の五段階

情報はやみくもに収集すればいいというものではなく、何らかの手段で得た「ナマの情報」は、次のような一連の段階を経て、指揮官（政策決定者）が決断を下すために必要な「情報」（インテリジェンス）となる。

（一）**要求**

情報を要求することで情報のサイクルは開始される。この段階で必要とする情報が確定される。情報要求の内容は情報主要素（ＥＥＩ）といわれる。

（二）**収集**

公式または非公式の情報源からの情報資料を獲得する。主な収集手段は次の通り。
①公開情報（オシント：ＯＳＩＮＴ）
新聞、書籍、テレビ、ラジオ、インターネットなどの報道内容などを継続的に収集し、情報を得る手法。各国の情報機関は情報活動の九割以上をオシントに当てている。
②人間（ヒューミント：ＨＵＭＩＮＴ）
重要な情報に接触できる人物を協力者として獲得し、そこから情報を入手する手法。
③電波、電子信号（シギント：ＳＩＧＩＮＴ）
通信や電子信号等を傍受して情報を得る手法。シギントには、主に無線などの通信の傍受するコミント（ＣＯＭＩＮＴ）、非通信用（レーダー波など）の信号を傍受するエリント（ＥＬＩＮＴ）がある。

（三）評価

収集した情報資料の信用性、正確性、適切性などをチェックし、どの程度、分析に使用できる資料なのかを判断する。判断するにあたっては、すでに入手している資料を分析・蓄積し、評価のための「基準」を作っておく必要がある。

（四）分析

分析は、信頼性に問題がないと評価された情報資料を多角的に検討し、情報資料を「情報」（インテリジェンス）に転換する。

（五）配布

分析により得られた「情報」を要求段階で求められた形に加工し、「情報」を必要とする人物・組織に提出する。

◆第一段階：要求

収集不能の「夢のような」情報要求

情報収集は「○○に関する情報を集めよ」という具体的なオーダーからはじまる。これが明確かつ適切でないと、その後のサイクルがおかしくなる。例えていえば、高層ビルの基礎の部分のようなもので、この部分の設計を間違えるとビル全体が崩壊することになる。

防衛省の情報組織は、毎年作成される「情報要求」にしたがって情報を収集する。しかし、この内容には多くの問題があった。ひと言でいえば収集不能な「夢のような要求」のオンパレードだったのだ。

このため、何を目的に収集しているのか分からない情報も少なくなかった。高層ビル建設でいえは、設計段階で問題が生じているのに、それを無視して建設に取り掛かるようなものだ。

仮に、「北朝鮮の弾道ミサイルの発射兆候を収集せよ」という項目があったとする。しかし、自衛隊には米軍のような高精度な偵察衛星や早期警戒衛星があるわけではないので、北朝鮮側が弾道ミサイル発射前に、日本の情報収集衛星でもキャッチできるような「あからさまな動き」を見せないかぎり、発射兆候を捉えることは難しい。

「あからさまな動き」とは、偵察衛星にキャッチされることを前提にして動くことである。北朝鮮軍は米軍の偵察衛星が北朝鮮上空を通過する時間を把握しているので、見せたくないモノはその時間になると偽装網などを使ってカモフラージュし、傍受されたくない電波は極力発信しないようにする。

逆に、あえて見せる場合もある。例えば、新型ミサイルの存在をアピールしたい時などは、わざと飛行場や高速道路などの目立ちやすい場所に並べたりする。

二〇一七年八月二九日と九月一五日の平壌北方に位置する平壌国際空港（順安《スナン》空港）からの弾道ミサイル発射は、ミサイルを輸送する段階から発射準備まで、ほぼ全てのプロセスを米軍の偵察衛星に見せていた。

このほかにも、寧辺《ヨンビョン》の核関連施設が「ちゃんと稼働している」ことを示すために、わざとボイラーから水蒸気を出したり、原子炉の建屋の前にトラックを停めて、原子炉で何か作業をしているかのように見せることがある。

米軍のエリント衛星に電波に傍受されることを前提に、わざと電波を発信することもある。多くの電波を発信すれば、それだけ活発な活動を行っていることを意味するので、「活発であること」を強調するのだ。これは軍事的なメッセージであるとともに、政治的なメッセージでもある。

つまり、人工衛星で撮影した画像や傍受した電波そのものは事実を物語っているのだが、それが「真実」だとは限らないということだ。そうした動きに込められた相手方の意図を読み取ることが必要となる。こうした欺瞞は北朝鮮の常套手段だからだ。

北朝鮮の軍事動向を分析している研究機関が、米国の商業衛星の写真をもとにした分析を発表しているが、こうした分析にも注意を払う必要がある。米国政府の意向に沿った「分析結果」を意図的に出している可能性があるからだ。

話を戻すと、「夢のような」情報要求になってしまうのは、情報要求を作成する部署が、「友好国」からの情報を防衛省独自の情報と混同しているからなのかもしれない。防衛大学校（防大）出身のエリート幹部は情報収集の現場を知らないので、どこからどこまでが防衛省オリジナルの情報なのか理解していない可能性があるのだ。

北朝鮮が二〇一七年九月一五日に弾道ミサイルを発射した際に、安倍晋三首相は「発射直後から、ミサイルの動きを完全に把握し、万全の態勢をとっていた」と記者団に対して強調していたが、日本にはそのような能力はない。しかし、それを知らない内閣情報調査室や防衛省情報本部の幹部が、首相にこのような内容の報告を行なっていたのかもしれない。

自衛隊の保有するレーダーは高性能だが、いくら高性能なレーダーでも電波が届かない水平線の向こうで起きている出来事はキャッチできない。つまり、弾道ミサイル発射の瞬間などの肝心な部分は、米軍の早期警戒衛星（弾道ミサイルから放出される赤外線を探知する衛星）を頼るほかない。もし、さきの安倍首相の発言が「発射された瞬間から日本が独自に完全に把握していた」という意味合いだとしたら誤りとなる。

2017年8月29日、平壌国際空港から発射される「火星12号」ミサイル〔労働新聞〕

2017年9月15日、同空港での再度のミサイル発射成功を喜ぶ金正恩〔労働新聞〕

首相官邸レベルで防衛省の情報が「友好国」の情報と混同されるのは仕方ないとしても、防衛省のなかで情報本部や自衛隊の情報収集能力を正確に把握していないというのは問題だ。このような状態なので「夢のような」情報要求が出来上がってしまうのだろう。

行方不明になったミサイル

弾道ミサイルに関する日本の情報収集能力に問題があることは、北朝鮮が二〇一七年三月六日に北朝鮮西岸の東倉里《トンチャンリ》から弾道ミサイル四発をほぼ同時に発射した際に現われていた。

防衛省は発射当日の午前中に、四発とも秋田県男鹿半島の西三〇〇から三五〇キロの日本海に落下し、うち三発は日本のＥＥＺ（排他的経済水域）内に、残り一発もＥＥＺ付近に落下した可能性があると発表した。

この残りの一発については、菅義偉官房長官が三月九日午前の記者会見で、「能登半島から北に二〇〇キロの日本海上に落下したと推定されている」と述べている。また、稲田朋美防衛相も同日の衆院安全保障委員会で「能登半島から北に二〇〇から四五〇キロの日本海に落下した」と発言している。

つまり、官房長官と防衛大臣は、残りの一発の落下地点は推測であり、具体的にどこに落下したのかは分からないと言っているのだ。

しかし、五月六日になって「ＮＨＫ」（電子版）が、「防衛省がさらに詳しく分析した結果、この一発は石川県輪島市の舳倉島からおよそ一五〇キロの海域に落下したと推定され、これまで北朝鮮が発射した弾道ミサイルの中で最も日本の領土の近くに落下したと見られることがわかった」と報道している。

つまり、正確な着弾地点を導き出すのに二ヵ月近くかかっていたのだ。コンピューターに記録されているデータを何度も再生して分析を重ねた結果だと思うのだが、このような事態の発生は、弾道ミサイル防衛の信頼性にもかかわるのではないだろうか。

本当の攻撃だった場合、「落下してから判明した」では意味がない。少なくともこのケースに限っていえば、同時に三発しか自衛隊のレーダーで最後まで追尾（追跡）できていなかったことを意味するので、迎撃ミサイルで対応可能だったのは三発だけだったことになる。

◆第二段階：収集

九拠点で電波情報を収集

日本で電波情報の収集を行なっている最大規模の組織は情報本部電波部である。電波部の通信所・分遣班は全国に九ヵ所ある。

通信所は東千歳（北海道）、小舟渡（新潟県）、大井（埼玉県）、美保（鳥取県）、太刀洗（福岡県）、喜界島（鹿児島県）の六ヵ所。分遣班は東千歳通信所の出先で、稚内、根室、奥尻島の道内三ヵ所にある。

このほかにも、陸・海・空自衛隊に電波情報を収集する組織がある。筆者は東千歳、美保、喜界島の三つの通信所、空自に所属する稚内の収集隊に立ち入ったことがあるのだが、それぞれの通信所には個性があった。収集している対象や土地柄の違いもあるだろうが、残念ながらその詳細はここでは書けない。

東千歳と美保のアンテナは「象の檻」(正式には、Wullenweberアンテナ)と呼ばれる巨大なものだった。現在は衛星通信が主流になったこともあり、主に短波帯を受信する「象の檻」にかわり、新しいタイプのアンテナに更新されている。

通信所で傍受に従事しているのは若い隊員も多い。しかし彼らの能力は職人技で、居眠りしていても受信内容を記録することができるようだ。実際に昼食後に居眠りしていた若い隊員がいた。手は動いているのだが、彼の顔を覗き込んでみたらやっぱり寝ていた。しかし、仕事は出来ているので問題はないのだろう。若い隊員なのだが、まさに職人技である。

全国各地にある通信所のなかでも喜界島通信所は南の島らしくノンビリしていた。出張だったので仕事は忙しかったのだが、筆者が仕事をしていた二階の部屋の窓から見えるのはサトウキビ畑だけだった。

ずっと窓のない地下の施設(地上の施設でも、すりガラスに鉄格子がかかっていた)で勤務していたので、外の景色が見えるだけで新鮮だった。出張から戻ってから、人事担当の上司に喜界島への異動を願い出たのだが、ひと言で却下されてしまった。担当の分野が違うという問題もあるので当たり前といえば当たり前だったのだが。

筆者と同じ職場で勤務していた若い隊員は、喜界島へ異動してから勤務時間外や休日に暇を持て余していたので、一級小型船舶操縦士の免許を取りダイビングを楽しんでいた。そんな環境で数年でいいから勤務したかった。後々になって市ヶ谷へ異動してからは、職場からの見晴らしがよく東京タワーも見えていたのだが、やはり自然の景色のほうがいい。

ちなみに、喜界島へ異動した若い独身隊員は数年経ったら再び元の部署へ戻す。ノンビリしすぎてボケてしまうからというのが理由だったようだ（決して仕事が少ないという訳ではない）。とはいえ喜界島で結婚する隊員も多い。自衛官は島外に出たい若い女性にモテるという話を聞いたことがある。通信所で統計を見せてもらったのだが、結婚などで喜界島の住民と血縁がある隊員の数が多く、定年退職前に家を買って定着する隊員も多かった。

天気予報・ラジオ放送でわかること

のちに詳しく触れるが、筆者は福岡で勤務していた時に、「友好国」がもたらした「不正確な情報」のおかげで情報の「修正」を繰り返すことに嫌気が差して異動を願い出た。しかし、後任の分析担当者が育っていなかったため簡単なことではなかったが、もう自衛隊を辞めてもいいと思っていた。しかし、上司が努力してくれた結果、なんとか市ヶ谷の資料隊で翻訳の仕事に就くことができた。

福岡での仕事はコミントに分類されるものだったのだが、市ヶ谷での仕事はオシントで、北朝鮮軍に関する韓国・北朝鮮政府機関の発表、報道、書籍、論文など、合法的に入手可能な公開情報を資料源とした情報収集を行なうというものだった。

オシントは誰でも入手できる公開情報によるとはいえ意外に重要な位置づけにある。米国のCIAは情報の九五パーセントを公開情報から入手していたとCIA長官が発言している。オシントはコミントやヒューミントなどの他の手段で入手した情報資料と合わせることにより、ビックリするような情報に化けることがある。

日本の公開情報による軍事情報収集の歴史は古い。日本陸軍は一九三五年三月、ソ連情報を収集するためにハルピン機関の中に文書諜報班を設置した。文書諜報班はソ連国内の出版物を収集・分析することで、一九三八年までに極東ソ連軍の各部隊の編成や配置等をかなり正確に把握していたという。

また、モスクワの武官室では、ソ連の新聞を丹念に読み込むことで一九三九年九月のソ連軍によるポーランド侵攻を予測していた。ソ連の強固な防諜体制と検閲をくぐりぬけて、日本は公開情報により重要な情報を手にすることができていたのだ。

ドイツ情報機関の生みの親であるラインハルト・ゲーレンは「特務機関はひたすら秘密の情報源にだけかかわりを持つべきであり、全世界の新聞スタンドや書店で自由に入手できる『公開』情報に注意を払う必要はない、とする『邪教』を払いのけることにも全力をつくした」と回顧録に記している。対ソ諜報網を駆使していたゲーレンも公開情報の重要性を認識していたのだ。

筆者の場合は、電波情報などの公にできない情報と、誰でも入手可能な公開情報の両方に同時期に関係していたおかげで、公開情報の重要性を自らの体験から認識することができた。公にできない情報の価値や信頼性が、公開情報により裏付けられることが多々あったからだ。

たとえば天気予報も重要な情報となる。一九九〇年八月二日、イラクによるクウェート侵攻をきっかけに開戦した「湾岸戦争」では、中東の気象情報が公表されなくなった。

太平洋戦争中は日米双方とも気象電報は乱数を入れた暗号に変えられた（米国は真珠湾攻撃の直前まで気象電報を平文で出していた）。

朝鮮戦争（一九五〇年六月二五日―一九五三年七月二七日・休戦）では開戦五日前に北朝鮮（新義州、集安〈中国〉、清津）の気象電報が止まった。このように、気象情報は国防上の重要な情報であり戦争に大きな影響を与える。

天気は戦争だけでなく普段の訓練にも影響を及ぼす。筆者は出勤前にテレビの天気予報を見て一喜一憂していた時期がある。日本国内の天気はどうでもいいのだが、気象衛星の画像で大陸方面に厚い雲がかかっていると「今日は楽ができるな」と思ったものだ。

出勤前に北朝鮮の国内向けのラジオ放送である「朝鮮中央放送」の天気予報も聴いて、北朝鮮の天気も把握しておくようにしていた。北朝鮮の天気予報は日本に比べると大雑把なのだが、それでも役に立っていた。

携帯電話が普及した現在でも、停電をともなうような大規模災害などの非常時に情報を得る最も手軽で確実な手段はラジオであろう。韓国では「戦時」になると、情報はテレビとラジオで国民へ迅速に伝えられる。

一九九九年六月一五日、韓国の黄海側にある延坪島《ヨンピョンド》付近で発生した、韓国海軍と北朝鮮海軍の砲撃戦（延坪海戦）では、通常の番組が全て中断され韓国国防部（国防省）報道官の発表などが生中継された。

市ヶ谷にある情報本部では、ラジオ放送を受信・翻訳して配布しているのだが、情報本部は組織が大きいために動きが鈍く柔軟な対応ができないため、リアルタイムに近い「戦況」を情報組織に配布するため、朝鮮語に関する業務は何でも引き受ける「便利屋」のような立場にあった筆者に仕事がまわってきた。

とはいえ、筆者の職場は地下にあって電波が届かないうえ、ラジオの受信は正規の任務ではないので、そもそも受信機がなかった。仕方なく基地の駐車場に停めてある自分の車のラジオで、昼間でも聞こえてくる釜山のＫＢＳ（韓国放送公社）放送を受信して、それをテープレコーダーに録音し、職場に戻ってきてから翻訳した。当時、筆者は福岡で勤務していたので韓国のＡＭラジオを聴くことができたのだ。

この事件の概要を少し詳しく書くと、北朝鮮海軍艦艇が韓国領である西海五島（黄海上にある韓国の五つの島）北側のＮＬＬ（北方限界線・事実上の海の軍事境界線）を侵犯したため、韓国海軍の警備艇が体当たりして押し出そうとしたところ、北朝鮮海軍の警備艇が発砲し、これに韓国

1999年6月15日に起きた「延坪海戦」の映像。〈上写真〉北朝鮮警備艇（左）に体当たりする韓国警備艇。〈左写真〉韓国警備艇に砲身を向ける北朝鮮警備艇〔国防部〕

が応戦。北朝鮮の魚雷艇一隻及び警備艇一隻が沈没し、残った北朝鮮艦艇がNLLの北側に引き上げたというものだ。

延坪海戦は、朝鮮戦争休戦以降もっとも大規模な海上衝突で、北朝鮮側の死傷者は一三〇人以上と報道されている。この時は韓国軍の防衛準備態勢である「デフコン」（DEFCON）が引き上げられ、「デフコン4」から「デフコン3に準ずる態勢」となった。

韓国国内は第二次朝鮮戦争が始まるのではないかというほど緊迫していた。韓国の新聞に掲載された写真から、在韓米陸軍が非武装地帯（三八度線）へ向かって北上していることも確認できた。

筆者は韓国国防部の報道官の発表内容を一〇分程度で要約して翻訳し、関係部署にファックスを送っていた。送信先のなかには通信所も含まれていた。通信所には立派なアンテナがあるうえ朝鮮語ができる隊員もいるので、「そちらでやってください」とは言ったのだが、「ニュースを訳せるヤツがいない」と言われてしまいファックスを送ることになった。とはいえ、この一件でＡＭラジオ放送の重要性を再認識することができた。

北朝鮮情報の基本は「労働新聞」

筆者が福岡から市ヶ谷の資料隊に着任して驚いたのは、北朝鮮を担当しているのに北朝鮮の新聞を購読していなかったことだった。それまでの担当者が購読しても得るものがないと考えていたのかもしれないが、北朝鮮を知るための一次資料となる「労働新聞」を購読していないことは問題だと思った。

資料隊の仕事は定期購読している刊行物だけを翻訳するという、受け身の姿勢ではいけないと思う。定期刊行物の翻訳だけでも大変な作業なのは確かだが、自分で資料を開拓していく必要もあるのではないだろうか。個人的には資料の開拓がいちばん楽しかった。

もしかしたら何も得られないかもしれないが、実際に読んでみなければ分からないので、上司に「労働新聞を購読したい」と願い出たところ、「予算はつけるけど、入手ルートは自分で探すように」と言われた。

これにはビックリしたが、確かに日本の新聞を購読するような要領で、北朝鮮の新聞は購読できない。いまでこそインターネットで当日の「労働新聞」を読むことができるようになっているが、筆者が担当者だった頃は北朝鮮から紙の新聞を取り寄せるしかなかった。「労働新聞」の定期購読をどこで申し込んでいいのやら見当がつかなかったので、とりあえず仕事帰りに神田（神保町）の書店をまわってみた。いろいろな書店をまわったのだが、中国語の文献を専門に扱っている書店が北京経由で取り寄せてくれることになった。

新聞は一週間分まとめて送られてきた。しかし、一度だけ平壌から直接送られてきたことがあった。いつもと違った封筒だったので変だなと思ったら、平壌からのものだったのだ。さすがに宛先に筆者の名前は書かれていなかったが、北朝鮮の朝鮮労働党が「労働新聞」を空自が購読しているのを把握していることを意味するので、何かの警告のような気がしないでもなかった。翌週からは、いつものように北京から送られてきた。

「労働新聞」は朝鮮労働党宣伝扇動部直属の労働新聞社が発行している、朝鮮労働党中央委員会の機関紙である。「労働新聞」は北朝鮮で最も重要なメディアであり、党の路線と立場を明らかにし、党の政策を国民に周知する役割がある。この場合の周知とは、ただ単に政策を国民へ知らせるだけでなく、国民を扇動する、すなわち、支配者にとって都合のいい論理を国民の頭に刷り込むことを意味する。

「労働新聞」の記事は、一見すると嘘で固められたプロパガンダばかりのように見えてしまうのだが、記事のなかに「メッセージ」が込められていることが多々ある。とくに社説は党中央委員会常務委員会の決定事項と、党員への指示が含まれているため丹念に読み込む必要がある。

「労働新聞」の記事は、北朝鮮社会が抱える問題点を間接的に示している。しかし、ただ単に読むだけでは主観的になってしまうため、特定の記事の掲載回数や、記事のなかで使用されている特定の単語の頻度を数えるといったような、「労働新聞」が意図するところを客観的に導き出すための分析手法がある。

なお、「労働新聞」の一面には金正恩の動静が掲載される。北朝鮮では金正恩の動静が最も重要なニュースだからだ。金正恩の写真が掲載される場合は（ごく稀に例外はあるが）金正恩の顔が紙面の中央になるように構成されている。しかし、金正恩の顔に折り目をつけるわけにはいかないため、二つ折りにする場合は中央から少しずらして折るか、三つ折りにして封筒に入れられる。

最近の「労働新聞」では中国の扱いが急激に変化している。金正恩の誕生日や何かの記念日には友好国からの祝電が届くので、その内容が「労働新聞」に掲載される。掲載される順番は、北朝鮮が重視している国が先にくるようになっている。従来は中国からの祝電が最も重視されていたのだが、近年は後回しになっている。

二〇一七年九月二二日付の「労働新聞」では、中国が北朝鮮の核開発に反対したとして、中国共産党機関紙「人民日報」を「米国のトランプ政権に追従している」「客観性と公正さを命綱とするマスコミの使命を忘れている」と非難した。

これは形式的には、北朝鮮メディアによる中国メディアに対する批判だが、事実上、朝鮮労働党が中国共産党の姿勢を批判したことを意味する。このような事象は金日成や金正日の時代には考えられなかったことで、金正恩の時代に入って中国と北朝鮮の外交関係の冷え込みが深まっていることを示している。

特定の単語の使用頻度から一定の傾向を導き出す頻度分析については、古い事例になるのだが、イラク戦争（二〇〇三年）直前に興味深い傾向が現われたので紹介したい。

この時は、まずは「労働新聞」の社説から、何らかの傾向を示しそうな単語を四〇個ほどピックアップして使用頻度を数えた。しばらく集計を続けて、一定の傾向を示さない単語は排除し、最終的には五つほどに絞ってパソコンで折れ線グラフにしてみた。

グラフにして分かったことは、イラク戦争開戦（二〇〇三年三月二四日）直前に韓国で行なわれた、韓国で最大規模の米韓合同軍事演習「フォール・イーグル」（二〇〇三年三月四日から四月二日）期間中に、米国を名指しした非難が減少したということだった（この時期は金正日の動静報道が途絶した時期〈二月一二日から四月三日〉とも重なる）。

これは、米軍が演習名目で米国本土から韓国へ兵力を派遣し、イラクを攻撃する前に自国が攻撃されることを金正日が恐れていたためと推測できる。

この推測は、演習終了直後に金正日の動静報道が開始されたことからも裏づけられた。北朝鮮は自国への直接的な軍事的脅威が高まると「労働新聞」での対米非難のトーンを下げ、危機回避を図ろうとする。また、米国との対話を通じて経済支援を得ようと考えている場合にも同様に非難のトーンが下がる傾向にある。

米国を刺激したくない場合は、「米帝」といったような米国を名指しした非難をやめて、「帝国主義」という表現に置き換えている。これは、「労働新聞」が国民の思想教育にも使用されるため、名指しはしなくても「帝国主義」という形で米国を常に非難しておく必要があったからだ。ただし近年は傾向が変わっている。トランプ米大統領（二〇一七年一月二〇日就任）の度重なる強硬発言（北朝鮮への武力行使を連想させる発言）とは関係なく、「労働新聞」は米国を名指しした非難を続けているだけでなく、米国に対する金正恩の挑発的な発言も掲載している。

この点については、改めて詳細に分析する必要があるが、北朝鮮の対米戦略（対米認識）が変化したことを意味している。核兵器の小型化に成功し、長距離弾道ミサイルの開発が進展したことで、金正恩は米国が北朝鮮を攻撃することはないと確信したのかもしれない（ただし、金正恩政権は国内の反対勢力により崩壊する危険はある）。

内部文書でわかる「本音」

では、北朝鮮は日本をどう見ているのだろうか。二度にわたって行なわれた小泉純一郎首相と金正日総書記の日朝首脳会談に関する、北朝鮮側の報道と軍人に対する思想教育用の内部文書から読み解いてみたい。古い事例だが、最も分かりやすい例なので要点を紹介したい。

위대한 수령 김일성동지의 주체사상으로 튼튼히 무장하자!

로동신문

조선로동당 중앙위원회 기관지

위대한 령도자 김정일동지의 사상과 령도를 한마음 한뜻으로 받들어나가자!

위대한 령도자 김정일동지와 고이즈미 쥰이찌로총리사이에 진행된 상봉과 회담에 관한 보도

小泉純一郎首相の2度目の訪朝を1面で報じる労働新聞（2004年5月23日）

◇一度目の日朝首脳会談「白旗を掲げて訪問」（二〇〇二年九月一七日）

朝鮮人民軍出版社が二〇〇二年一〇月に発行にした内部文書「変遷する情勢に高い階級的眼目と革命的原則性をもって鋭く対応しよう」では、二〇〇二年九月の小泉純一郎首相の訪朝について**「さる九月一七日、敬愛する最高司令官同志にお目にかかるために、日本の総理野郎が白旗を掲げて平壌にやってきた」**としたうえ、平壌宣言については、**「今回の日本の総理野郎の平壌訪問は、日帝が一九四五年八月一五日に偉大な首領様の前にひざまずいたように、再び白旗を掲げてわが国を訪れ、敬愛する最高司令官同志の前にひざまずいて降伏文書に調印したようなものだ」**と記述している。

なお、首脳会談で金正日が日本人拉致を認め、謝罪したことには触れていない。

◇二度目の日朝首脳会談「百年の宿敵」（二〇〇四年五月二二日）

小泉首相の二度目の訪朝の直前、北朝鮮は日本による過去の植民地支配を強調するなど反日教育を強化した。

「朝鮮中央テレビ」は二〇〇四年五月六日、平壌市内の中央階級教育館に多くの市民が参観する様子を伝え、同教育館を**「日帝の永遠の罪悪を全世界に暴露する歴史の告発場」**と伝えた。これ以降も参観が相次いでいるとのニュースを連日報じ、一〇日には**「日本は不誠実な姿勢を捨て過去の罪悪を反省して徹底的に補償すべきだ」**との市民の声を紹介している。

さらに、「労働新聞」も**「百年の宿敵、日帝の罪悪を必ず清算する」**との連載を開始した。過去の植民地問題をめぐっては、二〇〇二年の日朝平壌宣言で、国交正常化後に日本が経済協力を実施するのと引き換えに「一九四五年八月一五日以前に生じた事由に基づく両国及びその国民すべての財産及び請求権を相互に放棄する」と明記されている。つまり、日朝平壌宣言は全く無視されていたのである。

訪朝に合わせ二〇〇四年五月に**「日本は歴史的に、わが人民にあらゆる苦痛と災難を負わせた不倶戴天の宿敵である」**と題した内部文書を朝鮮人民軍出版社が発行している。この文書では、冒頭で**「日本軍国主義は、歴史的にわが国を侵略し、罪の無い人民を殺戮し、わが国の資源を略奪していった不倶戴天の敵である」**という金正日の言葉を紹介し、実に一二世紀から現在までの日本の「軍国主義化」について解説している。

果たして、このような宣伝を公然と行なっている国を、日本は交渉相手と見てよかったのだろうか？　「白旗を掲げて……」とまでバカにされたにもかかわらず、日本政府はこれに対する何の抗議も行なっていない。内閣情報調査室や外務省の国際情報統括官組織は、こうした北朝鮮の姿勢をどのように分析していたのだろうか？

思想教育文書に現われた北朝鮮軍の実情

さきにも触れたが、筆者は公開情報ではないが、朝鮮労働党や北朝鮮軍（朝鮮人民軍）の内部文書を個人的に開拓したルートで入手していた。これらの文書の内容は興味深かった。北朝鮮国内や北朝鮮軍内部の問題点を読み取ることができたからだった。

内部文書の大部分は「思想教育」のための文書だったが、時には金正日の名前が入った命令書も入手することができた。このレベルの文書には自衛隊と同様に、表紙の右上に秘密区分が表記されていた。重要な内容のものは「極秘」または「絶対秘密」と表記されており、思想教育用の文書は自衛隊でいう「部内限り」となっていた。

この種の文書は、筆者が入手していた頃はそれほど高価ではなかったのだが、現在は一ケタ違うような高値で取引されている。このため中国の朝鮮族が作ったものと思われる偽物が多く出回っており、日本のメディアがこの偽物を鵜呑みにして記事にしてしまうこともある。

しかし、筆者が入手したものは、日本ではお目にかかれないような北朝鮮独特の再生紙だったことと、北朝鮮国内でしか使われていない独特の字体（フォント）が使われていたことに加え、内容がかなりリアルだった。当時の偽物はひと目で偽物とわかるような粗雑なものだった。最近の内部文書はUSBメモリに入っていたりと、デジタル化されているものもあり、紙の文書のように本物と断定することが難しくなっている。

思想教育のための文書は、日本の学校で使用されている「教師用指導書」のようなもので、北朝鮮国内全体で同じ時期に同じ内容の思想教育を行なえるようにするためのものである。この文書には講演者のセリフや聞き手への質問内容まで書かれていた。

文書の内容については、宣伝や教育効果を高めるため、普遍的でない極端な事例が含まれている可能性は否定できない。しかし、この種の文書にも「労働新聞」と同様に、必ずどこかに真実が含まれているものだ。真実を含めなければ説得力を欠き、矛盾を覆い隠すことができないからだ。

北朝鮮軍の思想教育用の文書では、講演者に対して自らの部隊での問題点を挙げて解説するよう指示している。つまり、このような指示がある問題点（部隊内で発生している事件など）は特異なものではなく、どこの部隊でも当たり前に起きていることを意味する。

内容は、規律の乱れ、秘密漏洩、物資の横流しについて触れたものが多かったが、驚いたのは、「武器、弾薬に対する掌握と統制事業をより改善強化することについて」と題された朝鮮労働党中央軍事委員会命令だった。

文書の内容を一言でいえば、軍のみならず治安機関を含む武器を扱う組織で、武器と弾薬の管理が全く行なわれていなかったという驚くべき内容だった。さらに驚いたのは「物資の横流し」のなかには武器や弾薬も含まれていたということだった。

実弾射撃後に薬莢までキッチリ回収する自衛隊では到底考えられないことが、北朝鮮軍では当たり前のように起きていたのだ。

内部文書のなかでもユニークだったのは、「被服、調理器具をはじめとする軍需物資を主人らしく愛護管理することについて」と題された文書で、「敬愛する最高司令官同志（金正日）は、最近も何度か、人民軍で被服、調理器具をはじめとする軍需物資を積極的に愛護・管理し、大切にすることについて指摘された」という言葉から始まっている。

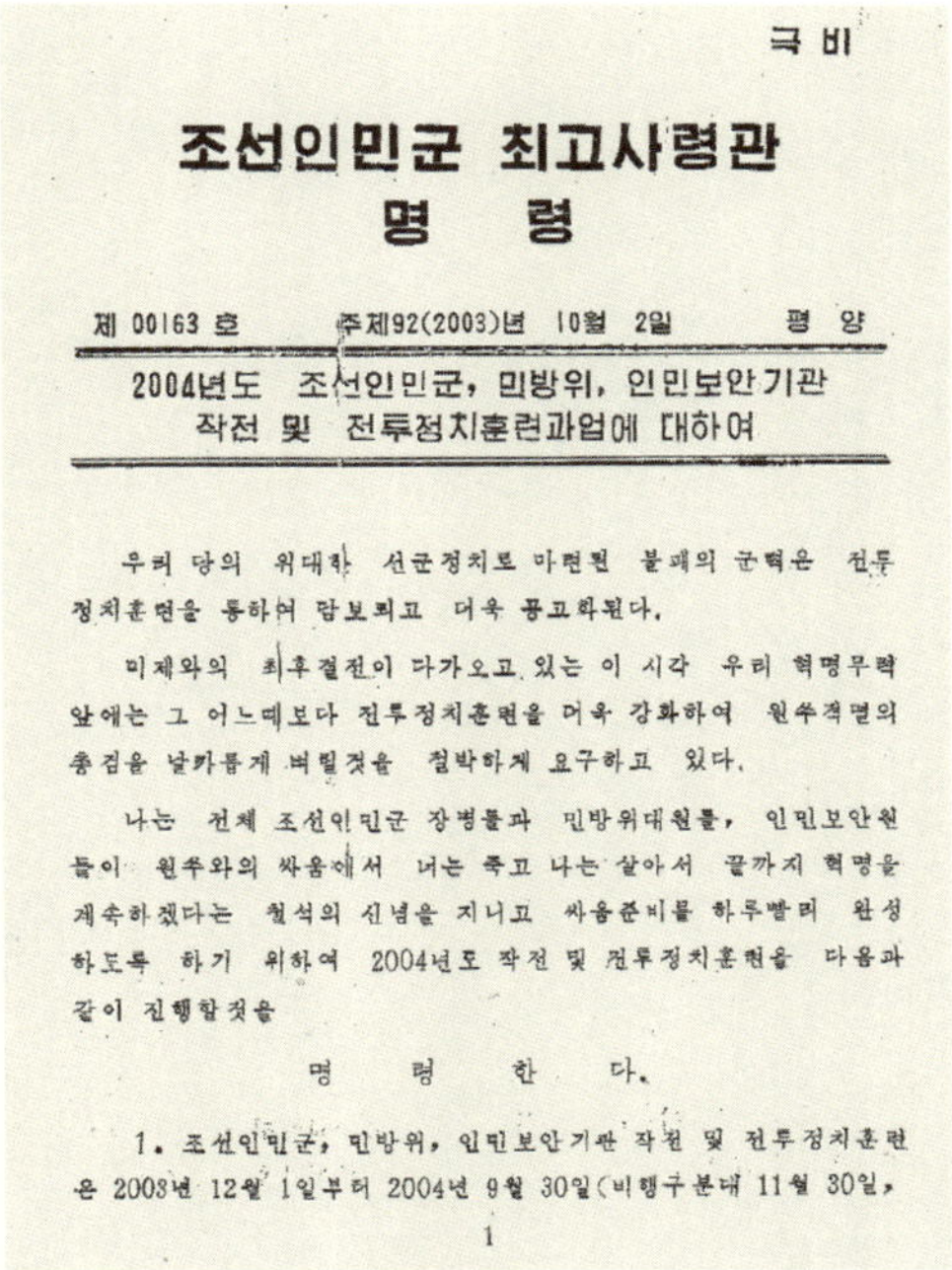

극비

조선인민군 최고사령관
명 령

제 00163 호　주체92(2003)년 10월 2일　평 양

2004년도 조선인민군, 민방위, 인민보안기관
작전 및 전투정치훈련과업에 대하여

우리 당의 위대한 선군정치로 마련된 불패의 군력은 전투정치훈련을 통하여 담보되고 더욱 공고화된다.

미제와의 최후결전이 다가오고 있는 이 시각 우리 혁명무력앞에는 그 어느때보다 전투정치훈련을 더욱 강화하여 원쑤격멸의 총검을 날카롭게 벼릴것을 절박하게 요구하고 있다.

나는 전체 조선인민군 장병들과 민방위대원들, 인민보안원들이 원쑤와의 싸움에서 너는 죽고 나는 살아서 끝까지 혁명을 계속하겠다는 철석의 신념을 지니고 싸움준비를 하루빨리 완성하도록 하기 위하여 2004년도 작전 및 전투정치훈련을 다음과 같이 진행할것을

명 령 한 다.

1. 조선인민군, 민방위, 인민보안기관 작전 및 전투정치훈련은 2003년 12월 1일부터 2004년 9월 30일(비행구분대 11월 30일,

1

著者が入手した朝鮮人民軍最高司令官命令「2004年度朝鮮人民軍、民防衛、人民保安機関の作戦及び戦闘政治訓練課業について」。右上に「極秘」とある

この文書では、軍需物資はあるのだが、兵士らが物資を「愛護」しないために、物資が不足するのだと述べている。文章中には「現在のように、国家及び社会の

共同財産をむやみに扱い浪費していると、国が耐えてゆくことが出来なくなり、発展することもできない」と記述されていた。

文書の主題は「被服と調理器具」なのだが、「国が耐えてゆくことが出来なくなり……」というのは大袈裟なように感じるが、これが、その時の北朝鮮の現実であり、金正日自身がそれを認識していたことを意味している。日本のメディアは、金正日には「耳当たりの良い報告」しか行なわれていないとしていたが、もはや側近も軍の実情を報告せざるを得ない状態になっていたのだろう。

内部文書の入手は〝自腹〟で

このような北朝鮮軍の内部文書の入手に必要な予算をつけてもらおうと思い、企画書のようなものを提出したのだが却下されてしまった。ここで紹介したものは筆者が自費で購入したものだ。自衛隊は国民の理解が得やすいためか、高価な戦車、艦艇、航空機などの正面装備には膨大な予算を配分するのだが、「情報」は成果が見えにくいせいか予算がなかなかつかない。

しかし、たとえば空自の戦闘機パイロットは、日本へ接近する中国軍の戦闘機の戦術や能力に対応した訓練を行なわなければならない。陸自は北朝鮮軍の特殊部隊を相手にすることになる可能性があるので、特殊部隊に対応する訓練を行なわなければならない。

こうした脅威に完璧に対処するためには、脅威に関するできるだけ詳細な「情報」が必要となる。装備と情報は両輪といえるのだが、防衛省は高価な装備（武器）を購入さえすれば、「防衛力が強化された」と考えているように思えてならない。

筆者が独自に入手していた文書は、北朝鮮軍の内情を解明するための重要な情報資料のはずなのだが、そのような「情報」は不要だという判断だったのだろう。では、どんな情報が必要なのだろう？　と疑問に思ってしまう。

たとえ「情報要求」に盛り込まれていなかったとしても、軍人の士気や規律に関する情報も価値の高い情報だと思う。例えば、老朽化した兵器でも整備がしっかりされていれば長期間使用可能だが、士気が低く規律が乱れていたら整備も行き届いていないだろうから、使用不能になっていることが考えられるからだ。実際に、整備を疎かにしていたために、故障したまま放置されていた大砲の問題について書かれていた文書があった。

これは、弾道ミサイルを保有する「戦略軍」の軍人も例外ではない。「戦略軍」に所属しているからといって豊かな生活が保障されているわけではないので、日本を標的としている弾道ミサイルについても同じことがいえる。日本を標的としている準中距離弾道ミサイル「ノドン」の発射実験は一九九三年五月二九日に行なわれ、この直後に配備が開始されている。北朝鮮軍が弾道ミサイルをどのような状態で管理しているのか分からないが、初期の「ノドン」は老朽化が進んでいるだろう。

このような文書にすら予算がつかない状態なので、業務の参考に使用するような資料にはもちろん予算はつかない。資料収集に行く際の交通費やコピー代も自費となる。すべては隊員個人の使命感とボランティア精神にかかっていたのだ。このような状態だったので、朝礼などで「情報は足で稼げ！」と上司に訓示されても、動くに動けない隊員がほとんどだった。筆者の場合は昼食を抜いてお金を捻出していた。

この内部文書の入手に関しては、オシントの領域ではなくヒューミントの領域となる。この種の資料が書店の店頭に置いてあるわけがないからだ。筆者は個人的に、内部文書など北朝鮮の内部情報を持っている人物と接触していた。

のちに、ヒューミントを任務とする組織と関わることになるのだが、その組織の協力者には、すでに筆者が接触していた人物も含まれていた。筆者は大学院の修士課程を修了した時に、その組織への異動の話があったのだが、事情があって立ち消えとなった。

とはいえ、なんだかんだで、その組織から依頼を受けるようになりヒューミントに片足を突っ込む形となった。ヒューミントに関係して感じたことは、情報源となる協力者から有用な情報を引き出すためには、かなり高度な知識が必要になるということだった。協力者と対等に話し、見せられた資料や会話の内容など、その場で情報の真贋や価値を判断する必要があるからだ。

◆第三段階：評価

新聞・雑誌記事の信憑性

北朝鮮に関する情報、とくに北朝鮮国内の情報は検証することが難しい。このためクロスチェックが必要となる。

大きな事象でも日付が違っている場合がある。例えば、一九六九年四月の北朝鮮軍の戦闘機が米軍機を撃墜した事件「米海軍EC－121偵察機撃墜事件」（乗組員三一人死亡）の場合、資料によって四月一四日という表記と一五日という表記がある。これは誤りではなく、ワシントンと平壌の時差の関係で日付が違っているのだ。しかし一四日と一五日では大きな違いがある。四月一五日は金日成の誕生日だからだ。

この例はクロスチェックが可能なので、食い違いの例としては、かなり軽いほうだろう。北朝鮮に関する情報には真偽のほどが不明なものが多々ある。これには日本や韓国の新聞記事も含まれる。とくに、北朝鮮の内部事情については客観的とは言い難いものが多くあるので、権威のあるメディアであってもネタ元を確認する必要がある。

例えば、北朝鮮の動向に関する記事の情報源が「日米関係筋」という表現の場合、駐米日本大使館員が情報源だったりする。また、筆者の経験からいうと「政府当局者」「情報当局者」「防衛省幹部」というのは、かなり怪しい。コメントした人物が、その種の情報にアクセスできる立場にあるのか確認する手段がないからだ。

筆者は自衛隊退職直後から新聞や週刊誌の記者と付き合いがあるので、そのあたりの事情はよく分かっている。とくに週刊誌は実名でのコメント以外は「話半分」で読んだほうが賢明だろう。記者が「作文」している可能性があるからだ。

実名のコメントでも、特大のタイトルが踊っている夕刊紙や一部の週刊誌の専門家のコメントも注意が必要だ。実際にこれらの専門家は、二〇一七年だけでも何度も「米朝開戦の可能性が高い」と主張していたのだが、危機を煽っただけで終わっている。

新聞や週刊誌の売り上げを考えると、無責任でも刺激的なコメントをしてくれる「専門家」のほうが使いやすいのだろう。しかし、得体のしれない専門家ならともかく、情報のプロであるはずの元防衛省情報本部の高官までもが、週刊誌で的外れなコメントをしていた時はガッカリした。

ある週刊誌では筆者ひとりのコメントが、あたかも複数の人物から得たコメントであるかのように書かれたことがある。これは複数の人物から得た情報のほうが記事の信憑性が高まるから、それを装ったのだ。

北朝鮮問題の専門家として多くの著書がある某新聞社の元記者にいたっては、ワシントン特派員時代に記事を「作文」していたと講演会で話していた。臆面もなく講演会で堂々と話すくらいだから、その業界では珍しいことではないのだろう。つまり、その記者が書いたワシントン発の北朝鮮情報は作り話が含まれていたのだ。

刑法の変遷で知る内部事情

信憑性に疑問がある北朝鮮の内部情報は多いが、怪しげな情報源に頼らなくても北朝鮮の内部事情を客観的に知る手段はある。例えば、北朝鮮の刑法の変遷を調べるという方法である。犯罪は社会の実情を反映しているといえるからだ。これに関して筆者の見方を少し触れておこう。

北朝鮮の刑法は二〇〇〇年以降、細かなものを含めると二〇回にわたり改正されている。これだけ頻繁に改正されているということは、北朝鮮の治安が法律が追いつかないほど急速に悪化していることを意味する。

改正の回数だけでも異常なのだが、筆者は二〇〇九年の改正で、最高刑が「無期労働教化刑」（無期懲役）から「死刑」に厳罰化された「破壊・暗殺罪」（第六四条）に着目している。以前から、①国家転覆陰謀罪、②テロ罪、③祖国反逆罪、④民族反逆罪、⑤故意的重殺人罪については「死刑対象犯」となっていた。

しかし、「破壊・暗殺罪」については二〇〇九年になって「死刑対象犯」に追加されたという経緯がある。これは、これまでに生起していないような破壊活動や要人暗殺という事件の発生が現実味を帯びてきたことを、少なくとも二〇〇九年の段階で金正恩をはじめとする指導層が認識していたことを示唆している。

さらに二〇一二年一一月には、金正恩が全国の分駐所（派出所）所長会議出席者と人民保安省（警察）全体に送った祝賀文で、

「革命の首脳部を狙う敵の卑劣な策動が心配される情勢の要求に合わせ、すべての人民保安事業を革命の首脳部死守戦に向かわせるべきだ」

「動乱を起こそうと悪らつに策動する不純敵対分子、内に刀を隠して時を待つ者などを徹底して探し出し、容赦なく踏みつぶしてしまわなければならない」

と発言したことは注目に値する。これは事実上、金正恩が反体制勢力の存在を認めたことを意味するからだ。このように、北朝鮮の法律と新聞（労働新聞）の記事を合わせてみることにより、興味深いものが見えてくることがある。

価値ある情報とは何か？

情報は上に報告されるたびに取捨選択される。例えば、情報本部の情報は、情報本部→統合幕僚長→防衛省防衛政策局調査課→防衛政策局長→事務次官→防衛大臣という流れで報告されるようだ。この過程で「報告する価値のない情報」（優先順位の低い情報）は削ぎ落されていくので、防衛大臣に報告される情報はかなり絞られたものとなる。さらに首相官邸へ報告する内容となると、どのように絞り込まれるのか筆者には想像もつかない。

筆者の経験から言うと、日々作成される日報をもとに月報を作成するのだが、その場合、月報にする価値のある情報のみを盛り込むことになる。しかし、そもそも「月報に載せる価値のある情報」とは何か？

筆者は福岡で勤務していた二七歳ごろに分析係として月報を作成する立場となった。このときは自分なりの価値観でほぼ独断で情報を取捨選択していた。取捨選択は過去の膨大な資料を読んだうえでの判断だった。大先輩方が残してくれた情報を無駄にするわけにはいかないため、過去の月報を毎日六時間程度は残業して必死で読んだ。

過去の月報を必死で読んだのは、「分析係」といっても係員が筆者一人だけだったからだ。もともとベテランの係長と仕事を分担していたのだが、係長が司令部へ異動してしまったため、なし崩し的に一人で全部背負うことになってしまったのだ。分析について誰も相談する相手がいなかったので、経験のなさは勉強量で挽回するしかなかったのだ。

二〇代でこのような重要な仕事を担うのは無謀に近かったのだが、貴重な経験をさせてくれた上司には今でも感謝している。

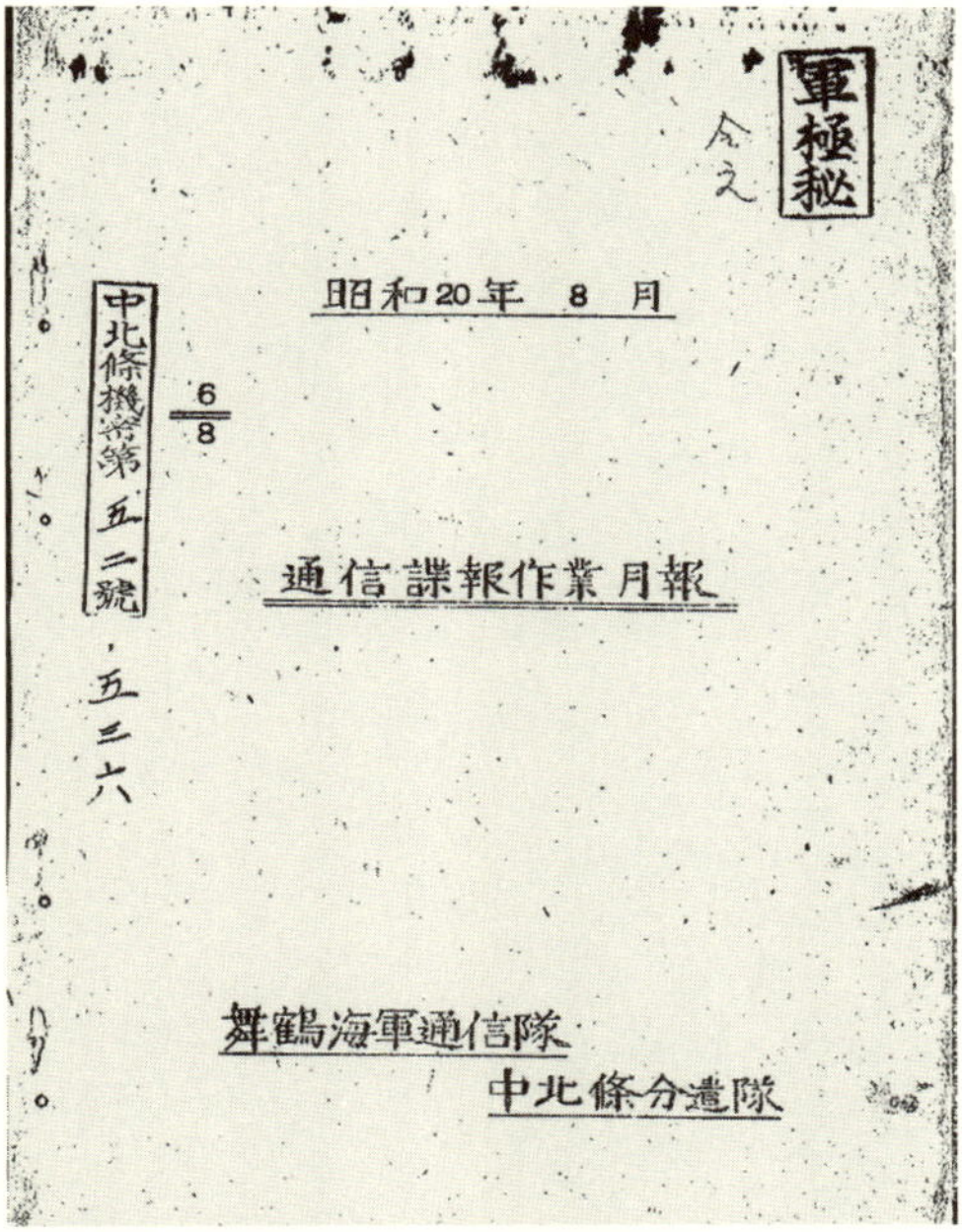
軍極秘

昭和20年　8月

中北條機密第五二號 6/8 五三六

通信諜報作業月報

舞鶴海軍通信隊
中北條分遣隊

日本海軍の舞鶴海軍通信隊中北條分遣隊が1945年８月に作成した「通信諜報作業月報」〔国立公文書館〕

余談だが、パソコンもワープロもなかった時代の月報はすべて手書きのものだったのだが、達筆な文字には感銘を受けた。簡潔だが説得力のある文章と几帳面な図表を見ていると、相当熟練した人が書いていたのだなと想像でき、頭が下がる思いだった。筆者は字が下手なので、つくづくワープロがある時代で良かったと思った。

筆者は国立公文書館が所蔵し

ている日本海軍の舞鶴海軍通信隊中北條分遣隊が一九四五年（昭和二〇年）八月に作成した「通信諜報作業月報」を読んだことがある。（この文書は国立公文書館のホームページで閲覧可能）

この月報には、無線傍受により収集したソ連海軍の艦艇と航空機の動向が書かれている。日本軍の無線傍受の歴史は浅いのだが、昭和二〇年の時点でここまで解明できていたということに驚いた。

無線傍受は、ただ単に傍受すればよいのではなく、どこからどこへの通信なのかが解明できなければ意味がない。暗号が使用されていれば暗号を解読する必要もある。この月報を見るかぎり、日本はソ連の水上艦だけでなく潜水艦の動きまで、ある程度把握していた。

ソ連は一九四五年（昭和二〇年）八月九日に対日参戦し、一八日未明に千島列島北部の占守島への上陸作戦を開始したのだが、この兆候を捕捉することはできなかったのだろうか。結果論だが、詳細な情報を蓄積していたにもかかわらず活用することが出来なかった、ひとつの例といえるかもしれない。

このような電波情報は料理でいえば食材に当たる。料理人（分析担当者）が必要な食材を選び、適切に調理することによって美味しい料理（情報）となる。どんなにいい食材を集めても、料理人の腕（分析手法）が悪かったら美味しい料理にはならない。

おそらく日本海軍の上層部には、いい料理人（分析担当者）がいなかったのだろう。しかし、それ以前に、ソ連参戦半年前の同年二月以降、欧州の在外公館の大使や武官からソ連の対日参戦情報が外務省と参謀本部に報告されていたが、生かされることはなかった。「通信諜報作業月報」

の内容は、分析されることなく最初から無視されていたのかもしれない。

「断片情報」も積もれば……

話をもとに戻そう。月報の段階でボツになる「チリ」のような断片的な情報にも価値はある。

逆に言えば、価値のない情報などないといえる。チリも積もれば山となるというが、まさにその通りだ。断片情報は水面から見えている「氷山の一角」のようなもので、水面の下に何か大きなモノ（情報）が隠れていると考えなければならない。

例えば、山頂に設置されている対空レーダーで捕捉した航跡が、数分以下の断片的なものだったとしても、そこに航空機（飛行物体）が存在しているのは確かであり、高度を上げた時にだけ捕捉されたと考えることが出来る。このような断片的な航跡がいくつもあれば、その数だけ航空機が低空で飛行している可能性がある。

北朝鮮軍でいえばＡｎ－２（アントノフ２）がこれにあたる。Ａｎ－２は旧式のプロペラの複葉機で、北朝鮮軍はこれを約三〇〇機保有しているといわれている。

レーダーで捕捉できないような低空を飛行し、短距離で離着陸が

北朝鮮軍が特殊部隊輸送に使うＡｎ－２輸送機〔著者撮影〕

可能なので特殊部隊を送り込むのに使用される。かなりの旧式機だが、韓国軍にとって最も脅威度が高い航空機ともいわれている。

レーダーで捕捉できないような低空を飛行するということは、それなりの訓練を行なっていることを意味するので、このような断片的な情報も重要なのだが、あまりにも細かい情報であるために説得力のある分析結果を導き出すことは容易ではない。しかし、この種の情報は、いつか活用できる時がめぐってきた時のために、その時の日報は破棄しないで保管していた。秘密文書に相当するため厳密にいえば規則違反なのだが。

空自の場合、作成した報告書は最終的に、市ヶ谷の「上層部」に報告されることになるのだが、情報の取捨選択は「上層部」の担当者の価値観に委ねられることになる。つまり、担当者の主観による厳選された情報のみが「上層部」へ報告されることになる。

筆者は、一見すると意味のない情報に見えてしまうような「断片情報」があってこそ、大きな情報が活かされると思っている。断片的な情報は往々にして大きな情報の裏に隠れてしまうのだが、重要な情報の信頼性が「断片情報」によって裏付けられることがあるからだ。

常日頃から無駄とも思えるような細かな情報に触れておかないと、重要な情報の価値は分からない。つまり、「断片情報」に触れていないと、情報の重要度は判断できないのだ。

さらに、過去にほとんど例がない「特異事象」（必ず報告すべき事象）と判断するためには、「通常の状態」を把握しておかなければならないのだが、こうした判断をするためにも「断片情報」は必要となる。

例えば、ある日の北朝鮮軍の活動を「いつもと違う」（特異事象）と判断するためには、通常の活動のパターンについて細部にわたり知っておく必要がある。

朝鮮戦争では北朝鮮は奇襲攻撃を仕掛けるにあたり、開戦直前に演習と称して大部隊を南へ前進させた。しかし、その動きは従来の演習とは違っていたはずだ。当時の北朝鮮軍には大規模な演習を行なうノウハウそのものがなかったので、少なくとも移動する部隊の規模は違っていたと思う。

しかも、北朝鮮軍は無線封止をして部隊の移動を秘匿していなかった。開戦五日前に北朝鮮国内の気象電報は停止したが、逆に北朝鮮国内の通信量が異常に増加している。とくに航空機が発する移動電波が増えていた。

結果的に、韓国軍は北朝鮮軍のこうした動きを察知できず、警戒態勢を強化しなかったため北朝鮮軍の奇襲は成功したわけだが、開戦の前年から数百人規模の遊撃隊が韓国への侵入を繰り返していたため、異常な状態に慣れてしまっていたのかもしれない。韓国軍では北朝鮮軍の遊撃隊の侵入は「特異事象」ではなくなっていたのだろうか。後から考えると、遊撃隊の侵入は全面的な侵攻を前にした威力偵察だったといえなくもない。

ところで、「情報は、無いのも情報」といえる。「特異事象なし」といったような「ノーマルな状態」を意味する情報も重要な情報なのだ。「ノーマルな状態」というのが、具体的にどのような状態なのかを把握していなければ、特異な動きに気付くことはできない。

◆第四段階：分析

分析担当者の能力次第

様々な分野の情報分析でも同じことが言えると思うのだが、軍事動向に関する分析も、まず客観的な事実を積み上げることから始まる。そして、過去に類似した事象があったのかどうかを調べる。これにより、現在進行している事象が「特異事象」なのかどうかを判断する。

しかし、類似した事象は簡単には見つからない。前回が一〇年以上も前のことである場合がザラにあるからだ。このため分析するにあたっては、普段から可能なかぎり過去の事象について書かれた資料を読んでおく必要がある。

過去を知らずして、現在進行形の事象を評価（重要性を判断）することはできない。また、今後の進展などを予測する場合は、さらに過去まで遡らなければならない。一定のパターンがある可能性があるからだ。

北朝鮮の場合は、米国との外交関係を押さえておく必要がある。北朝鮮外交の主軸は米国なので、北朝鮮軍の大きな動きの背景には、米国との外交関係が絡んでいることが多々あるからだ。

現在進行形の米朝関係を分析するにあたっては、朝鮮戦争休戦後の米朝関係、とくに北朝鮮に対する米国の軍事動向を調べあげて比較する必要がある。この場合、少なくとも一九九四年の「北朝鮮核危機」までは遡らなければならない。これが最も新しい、米朝関係が極度に緊張した例といえるからだ。

様々な組織が収集した情報は、建前としては内閣情報調査室（内調）に集約されるようだが、筆者が自衛隊退職後に出会った内調の職員は防衛省、警察庁、海上保安庁など、他の省庁からの出向者が多く、内閣事務官として採用されたプロパー職員は二人だけだった。

出向者は自分の役所とのパイプ役はできるが、数年経てば元の役所に戻ってしまう。内調の職員は約一七〇人しかいないうえ幅広い分野の情報が集約される。このような状態で内調の北朝鮮担当者のレベルアップを行なうことは簡単なことではないだろう。

内調に集約された膨大な情報を全て首相に報告するわけにはいかないので、加工した情報を報告することになる。しかし、そもそも「首相へ報告すべき情報」とはどのような情報で、その情報の価値を誰が判断しているのだろうか。

首相へ直接報告を行なう内閣情報官が全てを判断するわけにはいかないので、内調の担当者レベルで取捨選択するとしたら、多くの判断がプロパー職員の能力に委ねられることになる。

筆者は自衛隊退職後、赤坂の高級ホテルの会議室で開かれた内調関係者の勉強会に講師として招かれたことがある。その後の懇親会で元内閣情報官の方と話す機会があったのだが、退官した気楽さとお酒が入っていたせいか、筆者の感想は「……」であった。内閣情報官といえども、すべてにおいて完璧な人間ではないのだ。

分析担当者の養成には時間がかかる。北朝鮮の軍事情勢を分析するためには、様々な知識が必要となる。

筆者が福岡で勤務していた時に、北朝鮮の原子炉に関連する情報について情報本部分析部から問い合わせを受けたことがある。電話口の相手の話しぶりと、かなり急いでいたことから察するに、どうも分析部に問い合わせてきたのは内閣情報調査室だったようだ。

それにしても、かなり基本的な内容だったので、担当者がそんなことも押さえていないことに驚いた。内調からの問い合わせだったとしたら、内調に北朝鮮情報に精通したプロパーがいないことを意味する。

とはいえ、分析部の職員のなかで誰も知らなかったとしたら、それはそれで大問題だ。分析部からの問い合わせということは、分析部の北朝鮮担当者が情報を持っていなかったことを意味するからだ。問い合わせの内容は韓国の新聞を読んでいれば分かることで、とりたてて難しいものではなかった。日本の新聞にも書いてあったかもしれない。

「友好国」からの情報を鵜呑みにする自衛隊

自衛隊は「友好国」がもたらす情報を鵜呑みにする傾向がある。情報を得るには対価がいる。情報は「ギブ・アンド・テイク」の世界なので、「友好国」が日本へ情報を提供してきた場合は、その底意が何かを理解しておかなければならない。

自衛隊は「友好国」が「不正確な情報」をもたらすような「裏切り行為」をするとは夢にも思っていないだろう。しかし、当然のことなのだが、自衛隊すなわち日本へ渡される情報は「友好国」にとって都合のいい情報に限られる。「友好国」はボランティアで日本へ情報を提供しているわけではなく、自国の国益のために緻密な計算をしたうえで提供しているからだ。

自衛隊から渡した情報の見返りなのか、筆者の部署の端末に「友好国」が収集した情報を表示する機能が追加された。最初は「すごい情報が入るようになったのだな」と感動したのだが、数ヵ月ぐらい経ったら誰も使わなくなってしまった。

おそらく「友好国」は、この情報をもったいぶって自衛隊に渡すことにしたのだろうが、何の役にも立たないシロモノだったのだ。「友好国」は役に立たないと分かっているから「見返り」として自衛隊に渡すことにしたのだろう。

筆者はある日、「友好国」から渡された情報の内容に問題があることに気づいた。最初は些細なものだったので、資料を作成した担当者のミスだろうと思っていたのだが、それが徐々にあからさまになり、担当者のミスとは到底言えないようなレベルになってしまった。

しかし、「友好国」がもたらした情報に間違いなど存在しないという、絶対的な暗黙の了解のようなものがあったため、手元にある情報を「友好国」の情報に合わせなければならなくなった。

手元にあるのは通信所が傍受したナマの情報なので間違いはない。しかし報告を書くにあたり、「友好国」の情報に合わせる作業、つまり「大幅な修正」を迫られることになった。

最大の問題は、こうした問題のある情報が、別ルートでその日のうちに市ヶ谷の「上層部」へ報告されていたことだった。すでに「上層部」へ報告されてしまった内容を、後から訂正することはできない。月報の段階で「不正確な情報」を「正確な情報」に修正することは不可能だった。

「上層部」の担当者にこの点を聞いたところ、「日本の組織」から得た情報に基づいて資料を作成しているとのことだった。その情報の出元である「日本の組織」にいる知人に聞いたところでは、組織の内部でどこまでが日本独自の情報なのか判別がつかない状態になっているということだった。当人は長らくナマの情報に触れる部署にいたので、日本独自の情報の内容を熟知しているはずだったのだが。

ともかく、「単純な修正」とはいえないような「大幅な修正」を行なわなければならないような事態が頻繁に起きるようになり、自分の仕事に疑問を持つようになった。どんなに苦労して分析しても、「友好国」の「不正確な情報」のおかげで、すべてがひっくり返されてしまうからだ。

さらにショックだったのは、空自の中核ともいえる某司令部へ出張した際に、その司令部が「友好国」の情報と思われる別ルートの情報だけを使って報告書を書いていたことだった。それを知った時、筆者の脳裏には、自分を鍛えてくれたベテラン曹長たちの顔が浮かんだ。様々な立場の隊員が収集した情報の多くが捨てられていたからだ。

情報は下から上へと報告されるはずなのに、某司令部は上からの情報をもとに報告書を書き、上へ報告していたのだ。これでは何のための情報なのか分からない。このような実態を「上層部」の担当者は全く知らない。だからといって問題提起しようものなら、「上層部」の担当者の責任問題に発展してしまい、当人の昇任が遠のいてしまうので、知っていても知らないフリをするだろう。

実際に筆者がお世話になった幹部は、「上層部」へ事実をありのままに報告したために「懲罰人事」で左遷されてしまった。「上層部の担当者にとって都合の悪い情報」を報告したら懲罰されてしまうのが、その時の情報組織の実態だった。当人から聞いたのだが、「上層部」の担当者から、はっきりと「これは懲罰人事だからな」と言われたそうだ。

「友好国」が何を目的に「不正確な情報」を自衛隊に摑ませたのかは分からない。加工前の情報と比較してみなければ解らないような細かな内容だったので、個人的には自衛隊の分析能力を試すとともに、日本が「友好国」の属国であること、自衛隊が「友好国」の軍隊の隷下部隊であることを再確認していたのだろうと思っている。

さらに、「友好国」の情報には「答え」（分析結果）が書いてあるので、日本の分析担当者は分析する必要がない。こうすることで、独自の分析能力、すなわち自分の頭で考える能力を低下させることができる。人間でいえば頭脳の部分を「友好国」が握ることで、日本を「友好国」の国益に合致するように動かすのだ。日本は「友好国」の世界戦略の駒のひとつに過ぎないからだ。

このようなことを書くと誇大妄想だと言われるかもしれないが、筆者が見てきた「友好国」が作成した資料の仕上がり具合は見事だった。そのなかにはCGのような動画になっているものもあった。ここまで仕上がっていると、たとえ偽物であっても本物のように見えてしまう。

実際に「上層部」は「友好国」の情報に何の疑問も持たず、さらに上の「上層部」へ、そして組織のトップへと報告していた。これは「友好国」の思惑通りに事が進んでいることを意味するので、さぞかし「友好国」の担当者は喜んでいたことだろう。

とはいえ、筆者としては黙って引き下がることはしたくなかったので、真実を探してやろうと思い、コンピューターで処理されたデータを何度も再生したり、加工前のデータを見直したりして頑張ってみた。いろいろと調べていくうちに、「友好国」は独自の手段で収集できない情報は日本側の情報を丸写ししていることが分かった。どの種の情報を収集できないのかが判明したので、試しにその部分の情報操作をしてやろうと思ったことがある。

◆第五段階：配布

情報配布の方法

情報のサイクルの最終段階である「配布」の方法は様々だが、ここでは筆者が体験した方法を紹介したい。

・ペーパーでの配布

市ヶ谷の資料隊で筆者が作成した資料集のようなものは、電子化したものと製本したものを関係部署へ送っていた。電子化するのは簡単だが、製本する場合は印刷の手続きや発送に手間がかかる。しかし好評だったので製本したものも作るようにしていた。製本した資料はパソコンの画面で見るのと違って、パラパラめくれるというパソコンにはない使いやすさがある。

資料の製本は、市ヶ谷基地内の専門の部署にお願いするのだが、年末は「内線の電話帳」を印刷するので忙しいとのことだったので、それ以外の時期に（電話して暇そうな雰囲気だったら）お願いしていた。印刷機がまったく動いていないほど暇だった時に製本を依頼したら、午前一〇時に持って行ったデータが、クリーニング屋の特急仕上げのごとく、その日の午後三時に製本したものが出来上がっていた。

製本が終わったら、こんどは発送しなければならない。宛先の印刷は筆者が行なったのだが、宛先の貼り付けと、製本した資料を封筒に入れる作業は一人では大変だったので、さすがに若手に手伝ってもらった。

この作業が終わると、こんどは分厚い封筒を台車に載せて、発送を担当する部署に持っていく。台車で運ぶような量だったので、担当者には露骨に嫌な顔をされたが、ともかく、すべての関係部署に送る手続きをして、やっと終了した。

・モーニングレポート

筆者は収集した情報資料のうち重要なものは紙の状態で整理していた。電子化されたものはパソコンに入れておく場合もあるが、すぐに必要な資料を取り出せるよう、紙の資料もファイルに整理しておく必要があると思う。すべてをパソコンに入れてしまうと、どのフォルダに入っているのか分からなくなってしまうことがあるので、急な調べものの場合に意外とアナログなほうが使いやすいことがある（筆者がアナログ人間なだけなのかもしれないが）。

過去二四時間に生起した周辺国の軍事情勢は、翌朝に方面隊司令官（空将）などへ報告される。報告はよほど大きな事象が発生していない限り簡潔に行なわれるのだが、司令官から何を質問されるか分からないため、報告する側は、あらゆる事項について把握しておかなければならない。その際、どうしても分からないような細かな問題は、筆者に問い合わせの電話がかかってくることがある。そのような電話の場合は大抵時間が迫っているので、調べる時間は三分程度しか与えられなかった。このような場合に、ファイルに整理しておいた紙の資料が役に立った。

報告の際に、司令官からの質問に答えられなかった場合は「宿題」としてブリーファーが報告終了後に調べて司令官へ報告しに行くことになる。こうした事態に対応するため、筆者の過去二四時間以内の出来事に関する仕事が午前中いっぱい続く日もあった。

・情報ブリーフィング

日々の報告とは別に、月に一度、三〇分程度の時間をもらって行なう「情報ブリーフィング」の資料は筆者がほとんど作っていた。筆者は軍曹なので将官へ報告する立場にないため、作成された資料どおりに幹部が口頭で報告することになる。

筆者は資料を持って見えない場所で同席するのだが、部隊長全員が揃っている場なので、報告する若手幹部が緊張のあまりセリフを忘れてしまった時はテレパシーを送ったものだが、最悪の場合はメモを渡すことになる。

この情報報告では嬉しいことがあった。報告が終わり帰ろうとしていた時に航空警戒管制団司令（空将補）に呼び止められ、「空幕（航空幕僚監部）の分析などどうでもいいから、君たちの分析を聞かせてくれないか」と言われたことだった。団司令は情報を担当する統合幕僚会議事務局第二幕僚室（現・情報本部）で勤務した経験があった。これは想像だが、統幕にいた頃に空幕の報告に辟易していたのかもしれない。

第三章　情報職の人事と教育

情報部門への転換

筆者は空自へ入隊した時から「情報員」の仕事をしていたわけではなく、入隊から四年間（二等空士から空士長の間）の職種（特技職）は、コンピューターの運用に従事する「電算機処理員」だった。いまから考えると、これが「情報」との関わりのはじまりだった。

筆者の教育隊卒業後の最初の所属は、春日基地（福岡県）にある西部航空警戒管制団西部防空管制群で、仕事内容は「バッジシステム」（ＢＡＤＧＥ：自動警戒管制組織。二〇〇九年まで運用されていた空自の防空指揮管制システム）の心臓部であるコンピューターの維持・管理というものだった。「電算機処理員」となった理由は、商業高校の情報処理科を卒業しているためプログラミングができたからだった。

空自では入隊すると教育隊で三ヵ月間の基礎的な教育を受ける。空自には六六の職種があるのだが、この三ヵ月の課程を卒業する直前に、本人の希望や適性にあわせて職種が決まる。

この時に希望した職種は、第一希望は「電算機処理員」、第二希望は「通信員」だった（第三希望は忘れた）。当時、第一希望は通らないという噂があったので、あえて本命の「通信員」を第二希望にしたのだが、第一希望が通ってしまった。教育隊の区隊長（二等空尉）からは「おめでとう！」と言われたのだが、複雑な思いだった。

普通は教育隊を卒業したら術科学校（筆者の場合は、愛知県にある第五術科学校）へ入校して職種に応じた専門教育を受けるのだが、術科学校が満員だったため「コース待ち」という形で術科学校での教育は後回しとなり、直接部隊へ配属された。入隊四ヵ月目にして何も分からないまま、いきなり大きなコンピューターシステムと関わることになってしまった。

その年は「バッジシステム」の試験運用がはじまった時だった。コンピューターのソフトウェアの問題点を洗い出すために、先輩から「とにかく何でも操作してみろ」と言われたのだが、警戒管制（レーダーで日本周辺を監視する仕事）の知識もないのに無茶な話だった。

それでも、飛行機マニアだったので航空管制の知識があったのは幸いだった。少し前まで航空無線を聞いていた立場だったのが、いまは超高価なレーダーのコンソール（操作卓）が目の前にあるのだ。そのコンソールには大量の飛行機が映っている。警戒管制の知識はないとはいえマニアとしては最高の環境だった。

いまでも記憶しているのは、米空軍の戦略偵察機であるＳＲ－71の最高速度がマッハ三（秒速約一キロ）だったので、管制官の訓練の際に使用するシミュレーションモードで速度をマッハ三に設定した航空機を作成して、コンピューター上で大阪から福岡まで飛ばしてみた。その速さは尋常ではなく、言葉では表現できないほどだった。ＳＲ－71のマッハ三での最小旋回半径が一〇〇キロ以上というのも納得できた。

こうした遊び（？）も含めて、いろいろなチェックをしたはずなのだが試験運用が終わってからも不具合が続出し、コンピューターのシステムダウンが起きることもあった。システムダウンは最悪の事態なのだが、それが起きるほどソフトウェアに問題があったのだ。

さらに、レーダーのコンソールの画面に意味不明な表示が出るなどの不具合も続出し、毎日のように防空管制隊から電話がかかってきた。電話がかかってきても先輩方は防空管制隊のオペレーションルームに行きたがらない。イライラした管制官のクレームを聞きに行くようなものだからだ。そこで、新兵の筆者がクレームを聞きにいくハメになり、なんだか分からないまま言われたことを全部ノートに書いて、職場に帰ってきて先輩に説明していた。

第四術科学校（情報員課程）入校

嫌々ながらも防空管制隊でいろいろ話（クレーム）を聞かされているうちに、警戒管制の仕事内容が理解できたこともあり、仕事の面白さが分かってきた。しかし、筆者の頭は理数系ではないため、コンピューターの仕事は自分には向いていないという思いがあった。とはいえ、電算機処理員の時に培った知識（警戒管制をはじめとする防空システム全般の知識）は退職するまで役立つことになった。

筆者は二等空士で入隊した任期制隊員だったので、入隊してから満三年と満五年が節目で契約更新の時期となる。筆者は職場の先輩の影響で大学の通信教育を受講していた。「五年満期」の頃に、大学を卒業して教員免許が取得できる目途が立ったので退職する気満々だったのだが、「どうせ退職するなら情報員になってみないか？」という人事係の誘いに乗って、「情報員」という怪しさに興味もあったので職種を転換した。

こうして偶然に近い縁で「情報員」となり、のちに北朝鮮と深くかかわることになった。「情報員」となるための教育は空自熊谷基地の第四術科学校（埼玉県）で行なわれる。教育期間は約三ヵ月で、情報員としての広範な知識を覚える。ただし「ひと通り」なので、実際の業務にはほとんど直結していなかった。

熊谷基地のホームページをみると、第四術科学校について「新隊員課程、幹部課程を卒業した航空自衛官に部隊での業務に必要な知識及び技能を修得させることを目的として通信・情報、気象並びにＩＴ関連、通信器材等の操作及び整備についての教育訓練を行っています。」と書かれている。

情報については「通信・情報」と、なにやら通信と関係があるかのように書かれている（電波情報を担当する場合は関係あるのだが）。情報教育を行なっていることを隠したいのだろうか。さらに語学教育については全く触れていない。空自では「情報」と「語学」は日陰者なのだろうか。

情報員課程での教育内容はあまり記憶にないのだが（あっても書けないが）、ともかく一番で卒業して表彰してもらえた。そのせいなのか分からないが配属先は「調別」（陸上幕僚監部調査部調査第二課別室）だった。「調別」の中身はすべてが秘密事項なので書けないが、実際のところ内部にいても何をやっているのか理解不能な部分が多かった。

情報組織は秘密保全の関係で縦割り組織になっているので、何年いても分からないものは分からないし、他の部署の隊員とお互いの仕事について話すことも、ほとんどない。この理由のひとつは、同期入隊の親しい友人であっても、「おまえ、いま何やってるの？」と仕事について聞かれても答えられないので、お互い気まずい思いをするからだ。

調査学校の朝鮮語課程

「情報員」へ転換してから数年後に、さらに「語学員」（朝鮮語）の教育を受けることになった。筆者の職種は最終的に「情報員」、「語学員」（朝鮮語）、「電算機処理員」の三つとなった。通常、航空自衛官の職種は一つか二つなので、ちょっと変わった経歴となっている。（※本書では、「韓国の韓国語」と「北朝鮮の朝鮮語」を便宜的に「朝鮮語」と表記する）

朝鮮語は陸上自衛隊小平駐屯地にあった調査学校（現情報学校・静岡県富士駐屯地）で習得した。調査学校の語学教育は、おそらく日本で最も厳しい。毎日暗記しなければならない単語の数が半端ではなく、夜の自習時間が六時間を超えることもザラにあった。

この調査学校への入校の経緯はひどかった。朝鮮語ができる隊員（三等空佐）が定年になるので、急遽、後継者を確保するために調査学校へ入校する隊員の人選がはじまったのだが、調査学校の教育の厳しさを噂で知っているので、筆者以外の全員が辞退（拒否）してしまったのだ。

シフト勤務の関係で筆者は遅い正月休暇を取っていたのだが、その休暇中に人選があり、筆者は一番最後に希望するかどうかを聞かれた。筆者にそれを聞いてきたのが、その定年になる三等空佐殿で、「調査学校の楽しさ」を延々と聞かされたので、「いちおう希望します」と言ってしまった。

翌日、その三等空佐殿から「人事のほうには〝熱烈に希望している〟と言っといたから」と言われ唖然としたのだが後の祭りで、即座に入校が決まってしまった。インターネットの掲示板などには、「調査学校へ入校する隊員は選ばれた者だけ」といったような事が書いてあるのだが、これは正確ではない。同期生には職務上必要となるので嫌々入校してきた人もいた。

筆者の変わった経歴のはじまりは、このような経緯で三等空曹なのに三等空佐の後任者になったことだった。これは、空自がいかに計画的に人材を育てていないかを意味する出来事なのだが、筆者は退職するまでその影響をモロに受けることになった。

調査学校の教官は、主に佐官の幹部、語学採用の教官、陸曹（助教）だった。このうち一等陸曹殿は強烈な個性の持ち主で、「お前ら税金で勉強させてもらってるんだからな！」「お前らはバカだから自衛隊へ入ってきたんだ！　覚えられないなら一〇〇回叫べ！」と言われたものだ。
その一等陸曹殿は職がなくて自衛隊へ入隊した人なのだが、朝鮮語課程も英語課程もトップで卒業しているので、言っていることに説得力があった。驚きなのは陸上自衛隊の精鋭部隊である第一空挺団の出身だったことで、制服の胸には空挺徽章とズラリと並んだ防衛記念章が光っていた。防衛記念章が多いのは朝鮮語の助教なのに、なぜかモザンビークのＰＫＯ（国連平和維持活動）に参加していたからだ。

モザンビーク軍には北朝鮮で訓練を受けた軍人がおり、自衛隊とモザンビーク軍が空港でトラブルになり英語もポルトガル語も通じなくなった時に、一等陸曹殿がキレて「バカ野郎！」と朝鮮語で怒鳴ったら通じてしまったそうだ。

それ以降、朝鮮語で意思疎通を図っていたという。第一空挺団にいた理由は、一等陸曹殿いわく「どうせなら最強の部隊に行きてぇ」と言ったからだったらしい。なぜ第一空挺団から調査学校の助教になったのかは、普通じゃあり得ない経緯があるのだが、話が長くなるので省略する。

ところで、この一等陸曹殿は制服に着用している名札が、いつもハングル文字（勝手に作った偽物）かローマ字（ＰＫＯ用の名札）のもので、正式な名札を着用している姿を見ることは、ほとんどなかった。ハングル文字の名札は正式な名札と見た目は似ているのだが韓国で作ったらしい。

正式な名札といくら似ていたとしても、ハングル文字が読めない隊員には何が書いてあるのか分からないので、そもそも名札の意味がない。もちろん規則違反なのだが、なんとなく許されてしまうのが調査学校なのだ。

だが教育は厳しい。個性派ぞろいの「優しい」教官陣から一年にわたる教育を受け、簡単な通訳ができるようになるまで鍛えられる。ちなみにハングル文字は数週間で読めるようになる……というよりも、読めるようにさせられる。ＮＨＫのハングル講座の一年分の内容は二ヵ月以内で終了する。

調査学校の語学課程は自衛隊の学校にしては珍しく、幹部課程と陸曹課程が同じ教室で同じ授業を受ける。中間試験や期末試験などの問題も同じで、順位は幹部・陸曹（海曹、空曹）混合で発表される。なぜか東京外国語大学で朝鮮語を専攻していた女性幹部もいて、当然のごとく彼女が常に一番だった。

学生長（学生の代表）は韓国へ防衛駐在官（駐在武官）として赴任する予定の一等陸佐だった。一佐から三曹まで同じ教室で同じ授業を受けることなど普通ならあり得ない。

面白かったのは、陸海空の隊員＋事務官がいるので、衣替えの季節になると制服の色がバラバラになることだ。このような光景はなかなか見ることができない。写真に撮っておけばよかったと思った。

悲惨だったのは、学生長と教官が防大の同期だったことだ。学生長は出世コースをひた走っており一佐まで最短距離で昇任したのに対して、教官は出世コースから完全に外れていた。優しくて気が小さい人だったので指揮官タイプではないため昇任が遅れたのかもしれない。

筆者の隣で授業を受けていた一等空尉は、現在は空将になっている。とても謙虚で努力家だったので、このような方が空自を背負ってくれていると思うとうれしくなる。このような多彩な学生が集まる自衛隊の教育機関は、調査学校をおいてほかにないだろう。

調査学校は秘密のベールに包まれていると言われているが、面白いことは山ほどある。そのうちの一つは飲酒に寛大なことだった。自衛隊の敷地内には居酒屋のような店があり、その中でしか飲酒はできない規則になっている。しかし、調査学校は教育が厳しいぶん宿舎での飲酒が黙認という形で事実上許可されていた。

それだけでなく、風呂場の前にビールの自販機がある。さらに、駐屯地の売店が毎週木曜日に酒を一割引きで売っている。駐屯地をあげて「酒を飲んでくれ」といっているようなものだが、このような自衛隊の施設は調査学校がある小平駐屯地だけだろう。

しかし、風呂場の前の自販機で、風呂上がりにビールを買っている学生の姿を見ることは一度もなかった。夜は自習しなければならないためビールを買う余裕のある学生などいないからだ。

筆者が卒業してから、調査学校が同じ駐屯地内にある業務学校と統合されて「小平学校」となったため、旧業務学校の規則が適用されるようになり飲酒が厳禁となった。おそらく風呂場の前の自販機も撤去されただろう。

飲酒が見つかった場合、ただちに原隊復帰（強制的に退学させられて元の部隊へ戻ること）になるという厳しいものだったという。後輩の話によると、最初に原隊復帰となったのは三等空佐だったそうだ。

筆者は授業が終わったら一時間ほど駐屯地内を走って、宿舎には戻らずその足で風呂に入っていた。走る前に洗面器とタオルと着替えを風呂場に置いておき、一七時の課業終了のラッパは風呂のなかで聞いていた。自衛隊の風呂は「大浴場」なので、誰もいない一番風呂は相当気分がいい。もし、このような行動が教官にバレたとしても、苦笑いで済みそうな雰囲気だった。しかし「小平学校」では絶対にそんなことはできないだろう。

だが、旧調査学校の教育内容は秘密にしておかないといけない部分が多々あるので、旧業務学校と同居することに問題があったためか、二〇一八年三月に富士駐屯地に「情報学校」が設立されることになった。「情報学校」が昔の調査学校のような、おおらかな雰囲気になることを願ってやまない。

卒業旅行で見た韓国の現実

駐屯地内を毎日走った結果、卒業前に「青梅マラソン」に出ることもできた（青梅マラソンは応募者が多いので抽選なのだが、かなり競争率が高い。反則技だが福岡と名古屋と東京の住所から応募した結果、福岡の筆者が当選した。遠方の応募者が優先されるという噂は本当だったようだ）。

調査学校の教育は厳しいが、要領さえよくなれば快適に過ごせるものだ。そのせいか卒業前になると、違う言語でもう一度入校したいという人が出始める。筆者も中国語でもう一度入校したいと思っていた。

卒業旅行（もちろん自費）は韓国だった。最初の二日間は大使館研修と板門店研修があるので拘束されるのだが、あとの三日間はどこに行こうが自由で、帰国する日に金浦《キムポ》空港（当時はまだ仁川《インチョン》空港がなかった）のロビーで集合すればよかった。

国外なのに、どこに行こうが勝手というのは、いかにも調査学校らしい。筆者はソウル観光には興味がなかったので、数人でソウルに近いスキー場へ泊りがけで行ってきた。とはいえ、友人に誘われて外国人向けのショッピングストリートである梨泰院《イテウォン》には行ってきた。筆者はなにも買い物はしなかったのだが、その帰りに塀の向こうに飛行機の尾翼のようなものが見えたので、その正体を見に行くことにした。

これは最高の発見だった。尾翼の正体は米空軍の戦略爆撃機Ｂ－52の実物だったのだ。そこにはＢ－52だけでなく軍用機や戦車などが多数展示されており、Ｂ－52が小さく見えるほどの広大な敷地だった。ここは、のちに筆者が何度も通うことになる「戦争記念館」だった。

ところで、「戦争記念館」の向かい側には国防部（現在は移転）がある。正門は日本の防衛省とは違い、当然のことだが軍人が警備している（防衛省は正門の警備など、警備の一部を民間に委託している）。これが何とも言い難い威圧感があり、写真を撮るのにも勇気がいるほどだった。「戦争記念館」は、朝鮮戦争に関する展示がメインだった。当時の筆者には朝鮮戦争についての知識は皆無に等しかった。それ以前に、戦争とはどういうものなのかということを深く考えたことがなかった。

空自では戦争のやり方を教育されない。教わるとしても空戦だけで、陸戦や海戦についての教

軍事境界線にある板門店の共同警備区域。韓国側からの撮影〔産経新聞社〕

育はない。幹部学校では何か教育があるのかもしれないが、曹士（下士官及び兵）の場合は独学しかなかった。空軍の任務には陸軍や海軍の支援が含まれるので、空戦や航空機のことを知っているだけではダメなのだが、戦争記念館はそのあたりも丁寧に説明されていたように思う。

戦争記念館の展示物は多く、一〇回近く通っているのだが映像資料はいまだに見終わっていない。最初のうちは、すべて朝鮮語での解説だったので聞き取るだけでも大変だったからだ。だが戦争記念館のいいところは、軍事の素人である一般国民向けに作られているので、大きな模型を多用して分かりやすく解説していることだった。自衛官でありながら「戦争の素人」だった筆者には大変勉強になった。ソウルに行く機会があれば、また勉強しに行ってみたいと思う。

板門店研修では、一般の見学者にはあまり公開していない場所も見せてもらうことができた。さすが、日本大使館の防衛駐在官（駐在武官）がセットしてくれただけのことはあった。

筆者が驚いたのは、（あとから考えたら当然のことなのだが）道路以外はほぼ全て地雷原だったことだった。北朝鮮軍が非武装地帯を突破したとしても、地雷で足止めを食らうことになるのは容易に想像できた。そのほかにも、ソウルと板門店を結ぶ道路のあちこちに障害物が設置されており、北朝鮮軍が戦車などの車両でソウルへ進撃することの難しさを感じた。こうした防御態勢になっているのは朝鮮戦争の教訓なのだろう。

韓国と比較すると、日本は外国軍の侵入を阻止する対策はゼロといっても過言ではない。韓国の場合は侵入する敵が北朝鮮軍しかないという事情の違いはあるとはいえ、「防御というものは、こうしてするのだ」ということを初めて知った。

板門店の共同警備区域（ＪＳＡ）は、軍事境界線を中心とした直径八〇〇メートルのほぼ円形のエリアなのだが、なんともいえない不思議な雰囲気の空間だった。板門店は卒業旅行以降にも数回訪れたことがあるのだが、そのたびに何か発見があった。ただ、筆者が行ったときは、なぜか警備の北朝鮮兵が一人しか立っていなかった。よくある板門店の写真のように、北朝鮮兵と韓国兵が至近距離で向かい合っているような場面は見たことがない。

過去に調査学校の卒業生の何人かが韓国警察のお世話になっていた。くだんの一等陸曹殿は、路線バスが検問を受けた時にパスポートを持っていなかったので、そのままパトカーに乗せられて宿泊しているホテルの部屋まで連れていかれ、パスポートを提示して一件落着したそうだ。

別の人（一等空尉）は、「変な朝鮮語を話している人物がいる」と警察に通報され、事情聴取を受けた。どうやら北朝鮮のスパイと間違えられたようだ。笑い話なのだが、韓国の防諜意識の高さを示すエピソードといえる。

この防諜意識の高さの背景には、通報者に最高二〇億ウォン（約二億円）の報奨金が支払われるという事情がある。しかしこれは、それだけ韓国政府が北朝鮮のスパイの取り締まりを重視していることを意味している。国家が守るべきものには、そのくらいの価値があるということだ。

一般の日本人にとっては「防諜」という言葉は死語になっているだろう。日本では公安関係者の努力にもかかわらず、スパイを取り締まる法律すらなく、北朝鮮の罠にはまる社会的地位の高い人物が当たり前のように存在している。このようなスパイ天国の日本では、さきのエピソードのような事は考えられないことだ。

筆者は、仁川空港で「持ち主不明のスーツケース」を処理する一連の過程をデジカメで撮影して、警察官に取り囲まれて消去を迫られたことがある。もちろん素直に消去した。

筆者が見た処理の過程は、まず荷物を中心に五から一〇メートル四方にロープを張って立入禁止とする。そしてロープの周辺を四人以上の警察官で警戒する。その後、エックス線らしき器材で荷物の中身を確認し、安全が確認されたら台車で運び出すという、当然といえば当然の流れだったのだが、保安上の理由で写真を撮ってはいけないのだろう。むかしの韓国の空港は、空港そのものの写真も撮影禁止だったので、このような場面が撮影禁止なのは当然といえば当然なのだが。

ところで筆者は、もともと辛い物を全く食べることができなかった。キムチも辛子明太子も絶対に無理だった。だが、調査学校入校中の冬休みに、ひとりで釜山に行ったときに「これじゃいけない」と思うに至った。

釜山で親しくなった韓国人に、帰国日に釜山港でラーメンを奢ってもらったのだが、スープが真っ赤なラーメンだったので最悪だった。死ぬ思いでラーメンは完食したのだが、いっしょに出てきたキムチはもう無理だった。

奢ってくれた韓国人に「えっ、残すんですか？　おいしいのに……」と言われてしまった。この言葉がバネになって、調査学校を卒業してから、スーパーで買ってきたキムチを無理にでも毎日食べるようにした（これが原因で逆流性食道炎になってしまった）。

韓国軍人と対等に付き合うためには、キムチと焼酎は避けては通れない。韓国軍人（とくに下士官）が相手となると、焼酎と爆弾酒（ビールをウィスキーで割った「カクテル」）で勝負することは目に見えていたのだが、焼酎は入隊したときから福岡で（毎日吐きながら）先輩に鍛えられていたので自信があった。

問題はキムチだったのだが「地獄のトレーニング」の結果、店で最も辛い激辛ラーメンも激辛カレーも完食できるようになった。この成果は後に通訳となった時に役に立つことになる。努力は報われるものだ。

朝鮮語資料の自主翻訳

調査学校を卒業してから気づいたのだが、当時の空自には朝鮮語の語学員はゼロで、かろうじて朝鮮語が使える情報幹部（語学幹部）が市ヶ谷にいただけだった。このため福岡にいる筆者には、翻訳の際に疑問点を教えてくれる先輩もおらず、調査学校卒業後は全て独学だった。

会社員が仕事で使う英会話を独学しているように、朝鮮語を独学するのは仕方ないにしても、職場には翻訳の参考にするための軍事関係の専門用語辞典もなかった。結局、筆者は休日にソウルの書店へ行って専門書などを買っていた。韓国の新聞だけは「技量維持」という名目で予算がついたのだが、そのほかの資料はすべて自費だった。

韓国の新聞の購読はあくまでも「技量維持」が目的なので、新聞による情報収集は最初から期待されていなかったし、筆者も何か使える情報が得られるとは思っていなかった。しかし、しばらくしたら北朝鮮軍が絡むような記事が掲載されていることが分かった。

果たしてどこまでやれるか分からなかったが、ひとまず韓国語の新聞とインターネットで公開されている韓国・北朝鮮の軍事関係のニュースを翻訳してまとめたものを、二週間間隔でレポートにして提出することにした。

当時は韓国でもインターネットが広く普及しはじめた頃で、韓国の新聞社や通信社がニュースをホームページへ掲載をはじめていたので、複数の新聞社の記事や政府機関の資料をタイムリーに集めることができた。

なり行きに近い形で翻訳を手広く手がけることになったのだが、正規の業務ではなかったため、日勤の時は残業、夜勤の時は仕事が少なくなる深夜に翻訳していた。深夜の翻訳はつらかったのだが、継続できたのは若かったせいもあったのだろう。

筆者が作成したレポートは資料源が一般報道なので秘密資料ではないため、司令部などでコピーが回覧されており、なかなかウケが良かった。この資料は航空警戒管制団司令（空将補）にも提出されていたのだが、途中で誰にもハンコをもらうことなくダイレクトに団司令の手元に行く文書はかなり稀だった。

こうして、本来は市ヶ谷の資料隊が行なう業務を、福岡の末端組織でやることになってしまったのだが、おかげで公開情報の重要性を認識することができた。電波情報というウラの情報と、公開情報というオモテの情報を合体させたとき、とてつもない情報に化ける可能性を秘めていることを知ったからだった。

ところで、空自では、職務に必要な知識や技術の向上を図るためにＯＪＴ（On-the-Job Training）を行なうことになっている。ＯＪＴを行なうに当たっては「教官」が指定される。当然、筆者もＯＪＴを受けることになったのだが、空自のなかには朝鮮語ができる「教官」がいなかったので、人事の担当者が語学教育を行なっている第四術科学校へ問い合わせた。

そこで返ってきた返事は、「朝鮮語の語学員っているんですか？」というもので、すったもんだしたあげく、ロシア語の教官を朝鮮語のＯＪＴ教官にするという、あり得ない形式をとることで落ち着いた。もちろん、その教官は朝鮮語を全く知らない。このような経緯で筆者は公式に「自主トレ」することになった。

たったひとりの「朝鮮班」

福岡で四年間ほど「副業」だった翻訳の仕事が、市ヶ谷の資料隊に異動してからは「本業」になった。しかし、着任してすぐ班長（一等空尉）から受けた仕事内容の説明は、「これまで通りにやってくれればいいから」の一言で終わり、班長は筆者への申し送りもそこそこに、幹部学校へ入校してしまった。

こうして「朝鮮班」は班長が欠員となり、班員（筆者）が一人で朝鮮半島全てを担当するという恐るべき事態となってしまった。前の職場でも仕事の相談相手がいなかったのに、市ヶ谷でも相談相手がいなくなってしまった。

市ヶ谷には朝鮮語の翻訳をしている人が沢山いると思っていたのだが、フタを開けてみたら、実は班員のいない班長が一人でやっていたのだ。市ヶ谷から情報が回ってこない理由を自分が着任して納得した。

あとになって朝鮮班は「班」といえる人数に増えたのだが、調査学校を卒業してすぐに配属されるので最初の一年間は翻訳の勉強で終わってしまう。とりあえず比較的簡単な韓国を彼らに任せて、筆者は北朝鮮に集中することにした。

どんな業種の翻訳でも同じだが、情報組織の場合も誤訳は絶対に許されない。誤訳された資料で分析するわけにはいかないからだ。北朝鮮の新聞（労働新聞）や通信社（朝鮮中央通信）の報道の場合は、細かな表現の違いも見分ける語学力が必要となる。

しかし、語学力は情報収集のツールに過ぎないので正確に訳せて当然であり、さらに、対象国についての豊富な知識が必要となる。逆に、豊富な知識がなければ正確な翻訳はできない。とくに、「労働新聞」を読む場合は豊富な背景知識でもって「行間を読む」ことが必要になる。

自衛隊で翻訳に従事する隊員は、自分が担当している国に関する知識と、軍事に関する豊富な知識を持っていなければならないのだが、軍事マニアに匹敵する知識を持っている隊員は少なかった。

プロなのだからマニアに負けていてはいけないのだが、そのような現実があったので、筆者は他の班（他の言語）の訳文にある軍事用語までチェックするハメになった。筆者が自衛隊入隊前に培ったマニアとしての知識がここでも役に立った。

資料隊は全世界を対象としているので、「朝鮮班」は付加業務としてアフリカ大陸の南半分の国々を兼務していた。午前中は朝鮮半島、午後はアフリカというパターンになっていた時もあった。しかも、アフリカの資料が整ったと思ったら、翌年はオーストラリアとニュージーランドの仕事が回ってきてしまった。

ロクに英語もできないので苦労したが、重要な部分は英語のプロの事務官にお願いしてなんとかしていた。勤務時間外にもかかわらず、快く仕事を引き受けてくれた事務官には頭が下がる思いだった。

こうして筆者の視野は嫌でも広がることになった。北朝鮮について分析する場合に朝鮮半島だけに一点集中するのではなく、グローバルな視点で朝鮮半島を見る必要があると知ることができたのは、皮肉なことだが人手不足の資料隊の悲惨な現実のおかげだった。

韓国軍来日――宴会通訳を務める

自衛隊は防衛交流の一環で様々な国の軍隊とのお付き合いがある。韓国軍も例外ではなく、朝鮮語をすっかり忘れた頃に韓国陸軍の参謀総長が来日し、陸上幕僚長の通訳として駆り出された若い二等陸佐がいた。本人によると、「日本語に訳すと、ずいぶんと短くなるんだな」と陸上幕僚長に言われたそうだ。当人はエリートコースを走っており、様々な仕事を経験しなければならなかったので朝鮮語の独学を続けることができなかったのだ。

このような悲惨な経験をした幹部は少なくないため、自分の人事記録から「調査学校修了」の記録を抹消したがる幹部は多かった。幸い筆者は、韓国軍が来日した際に行なわれるレセプションでの「宴会通訳」が中心だったため、楽しく通訳を務めることができた。

あるレセプションでは韓国軍の下士官から、通訳なのに（勤務中なのに）しこたま焼酎を飲まされた。しかし問題は、「友軍」であるはずの自衛隊側からも「お疲れさん！」と言われて飲まされたことだ。

通訳を酔わせたらいろいろ問題が出るのに、その時のノリで筆者は注がれた酒は全部飲んでいたが、トイレに行ったときに大量に水を飲んでアルコールを薄めていた。このときは乾杯の音頭で自衛隊側の偉い人が「今夜は韓国軍との戦いだ！」といったようなことを言ってしまったのが事の発端だった。

結局、自衛隊側は筆者以外全員、韓国軍が自前の輸送機で（おそらく税関に申告せず）大量に持ち込んだ焼酎で「戦死」してしまった。筆者は福岡で勤務していた時に先輩から焼酎で鍛えられていたので生き残ることができたのだが、問題はその後だった。

日本のコンビニの品揃えの良さは韓国人も知っていたようで、基地の近くにあるコンビニに奥さんへの土産（下着など）を買いに行きたいという下士官が続出したのだ。何か問題が起きると困るので、絶対に基地外へ出さないようにと言われていたので必死に止めたのだが、語学力がついていかず自分のコミュニケーション能力の限界を感じたものだ。

幸いコンビニの件は一件落着し、基地内の韓国軍の宿舎で三次会まで付き合ったのだが、日本人の「生存者」が筆者だけだったこともあってか、韓国軍の准尉から自衛隊側の接遇について説教されるハメになった。

韓国軍の輸送機部隊は釜山の西にある金海《キメ》飛行場を拠点としているためか、釜山訛りの隊員がいた。その准尉殿も訛っていたのだが、訛りまで理解できるような高度な語学力を持ちあわせていないうえ、酔っていたので半分程度しか聞き取れなかったが、どうやら「准尉」の扱いを自衛隊側が間違えたことに不満があったようだった。

准尉の扱いは国によって違っており、韓国軍では「准尉」は「准士官」なので、将校に準じた扱いとなるのだが、空自では「准曹士先任」という役職があるように、准尉は曹士（下士官及び兵）の最高位という扱いになっている。このため、韓国軍の准尉を下士官扱いにしてしまったのだ。

准尉の話を聞いていて思い出したのだが、空自の准尉の身分証明書は幹部と同じデザインだった。昔の准尉の身分証明書には「准尉」というハンコが押されていた。階級が書いてある身分証明書は准尉だけなので、空自でも微妙な扱いだったのだろう。

説教されたとはいえ、楽しく過ごすことが出来たのは良かった。翌日、東京の韓国大使館の通訳が来て、「軍人さん同士はひと晩で仲良くなれるんですね」と驚いていた。どうも外交官はそうはいかないらしい。日韓の外交関係は良好とはいえないが、軍人同士は意外に仲がいい。空自と韓国空軍は同じ戦闘機や輸送機を使っていることもあってか話が弾むようだ。

自衛隊側は誰も気づいていなかったようだが、筆者は来日した韓国空軍のＣ－１３０輸送機の塗装から、その機体が特殊部隊を輸送するための部隊（第一五特殊任務飛行団）の所属だということに気付いた。是非ともパイロットに普段の訓練内容を聞きたかったのだが、個人的な質問をする機会があまりなくて聞けずじまいとなってしまった。ただ、夜間に北朝鮮の工作船を追跡する際にも使用する、ＣＮ－２３５輸送機の照明弾を投下する装置は、焼酎を取りに行ったときに見せてもらうことができた。

二〇一七年の「北朝鮮危機」にともない、日本政府は韓国から邦人を避難させるために自衛隊機の派遣を検討したが、韓国政府も韓国メディアも強い拒否反応を示している。日本でも「日本経済新聞」(二〇一七年九月五日付)が「自衛隊が韓国国内で活動するには韓国政府の同意が必要だが、歴史的な背景から韓国世論の反発も予想され了承をとりつけられていない。釜山からは自衛隊の船舶も含めた手段で日本に送る」と報道している。

まるで自衛隊機が韓国上空を飛行することは不可能といった書きぶりだが、実は二〇〇六年一〇月に韓国の原州《ウォンジュ》市で開催された国際軍楽祭に参加する、空自中央音楽隊の音楽隊員と楽器を輸送するために、空自第三輸送航空隊(美保基地・鳥取県)のC-1輸送機が日本と韓国を二往復している。さきに記したレセプションで、「今度はC-1で韓国へ行くぞ!」と日韓で盛り上がっていたのだが、本当に実現したのだ。

C-1輸送機の目的地はソウル近郊の「ソウル(ソンナム)空軍基地」だったのだが、最初に韓国へ輸送機を飛ばすという話が出た時に、輸送航空隊の情報班長から「ソンナム基地ってどこにあるの?」という問い合わせの電話がきた。

情報班長は元上司だったので筆者もいろいろと協力したのだが、目的地の空軍基地の位置すら分かっていなかったことには驚いた。たまたまその基地には航空ショーがあった時に行ったことがあったので、基地の様子などを具体的に説明することができた。

来日した韓国空軍のC－130輸送機から焼酎（眞露）を降ろす乗員。右端は著者

空自入間基地の格納庫で撮影された韓国空軍来日時の記念写真

韓国での日程を立てるためなのか、基地からソウル市内の宿泊先までの道路の混雑状況、さらに宿泊先周辺の「いい飲み屋」の場所まで聞かれた。こんな雑学的な知識が役に立つとは思っていなかったが、たとえ観光であっても対象国での経験が活かせるのも情報職の面白いところなのかもしれない。

このように、なぜか日韓のマスコミは全く触れないが、在韓日本大使館の防衛駐在官（駐在武官）だけでなく、様々な形で陸・海・空自衛隊と韓国軍は交流がある。

日本政府と韓国政府の関係はどうか分からないが、自衛隊と韓国軍の信頼関係は出来ているので、朝鮮半島有事の際の在韓邦人輸送も、いざとなればスムーズに進むのではないかと思う。

ちなみに、米国の友好国など数ヵ国の空軍が参加して行なわれる演習「レッドフラッグ・アラスカ」で、空自と韓国空軍が共同訓練を行なったことがある。二〇一三年の演習では、韓国空軍のF－15戦闘機が空自のC－130輸送機を援護する訓練が行なわれた。これは、有事の際に韓国から邦人を輸送することを想定したものだろう。韓国国内で行なうと国民感情が悪化するため、米国で共同訓練を行なっていたのだ。

幹部にならなかった理由

本来、将校（幹部）と下士官及び兵（曹士）の違いは歴然としているのだが、筆者が在職していた当時の空自の情報組織にはそれがなかった。これは、曹士の質が良かったというよりも、幹部の質が悪かったのではないかと思う。

幹部は頭脳、曹士は手足のような位置づけでもあるので、統率力のない幹部のもとでは、高い士気を維持し、能力をフルに発揮することは難しい。筆者の身近にいた情報幹部に限っていえば、残念ながら部下から信頼されている幹部よりも、信頼されていない幹部のほうが多かった。

参考までに「幹部自衛官の経歴管理に関する細部基準について（通達）」から、幹部自衛官の能力の基準について紹介したい。

一般幹部候補生課程出身者「基盤的学問分野の素養の上に、各職域の人的戦力の中核として、広範な軍事的知識、技能経験とともに、政治、経済、科学技術等の幅広い知識を養い、かつ、高い軍事的判断力、管理能力、応用能力、新しい分野への適応能力を養い、上級指揮官、幕僚又は専門技術者として勤務させ、また、防衛力の整備、維持、運用等諸施策の企画立案等に従事させる」

一般幹部候補生（部内）課程出身者「曹としての術科技能の基盤の上に、幹部としての能力向上を図り、実務レベルの指揮官、幕僚及び管理者として、また、特に優秀な者は上級指揮官又は幕僚として勤務させる」

この通達に書いてあることは、あくまでも「基準」だ。とくに前者の防大や一般大学出身者の基準を体現している幹部はスーパー自衛官といっていい。このとおりの幹部がどの程度、実在しているのかは不明だが、空自の情報幹部に関しては人材を育てることを考えていないようなので、「基準」を満たす幹部は少ないように感じた。

悲惨な人事を繰り返される幹部の「哀れな姿」を見ているため、幹部になりたがらない空曹は多く、一次試験（筆記試験）に合格しても、二次試験（面接）で辞退する空曹が続出した（しばらくして、本当に幹部になる気がある者のみ受験することになった）。

その一方で、二曹に昇任できないので仕方なく幹部になる三曹も多かった。この現象は「部内幹部候補生」の筆記試験に合格しないと、二曹に昇任できないという噂が流れたのが原因のひとつだったようだ。

筆者はこの噂には騙されず、「部内幹部候補生」の問題集で過去の問題を完璧に解けるようにして二曹昇任試験を受験したので無事合格し、幹部になる道を選ばずに済んだ。なぜ幹部候補生の勉強をしたのかというと、三曹昇任試験や幹部候補生試験の問題集はあっても、二曹昇任試験のための問題集がなかったからだ。

筆者の二曹昇任が決定してから人事担当の幹部（一等空尉）が残念がっていた。本来は「おめでとう！」のはずなのだが。「もう幹部になる気なくなっちゃったでしょ？」と聞かれたので、「ハイ！」と答えたら、「やっぱり不合格のほうが良かった」と言われた。

筆者は空士長の時に大学を卒業したので、大卒者が受験する「一般幹部候補生」を受験するように隊長に言われたのだが、結局受験しなかった。

大学院の修士課程を卒業し、博士課程に在籍していたときには、こんどは「幹部になってもらわないと人事が困る！」と隊長に説教されたのだが、「情報幹部の悲惨な人事に巻き込まれたくない」と話したところ、隊長があっさり納得してしまった。隊長自身もその人事に巻き込まれていたからだ。

結果論だが、幹部になる道を選ばず空曹のままだったので、いろいろな情報に触れることが出来たのだと思う。もし筆者が一等空尉だったら空幕からも司令部からも、問い合わせの電話がかかってくることはなかっただろうし、「内緒の情報」を教えてくれる人もいなかっただろう。

二等空曹という「中堅クラスの下っ端」だったので、元上司や元同僚、顔見知りなどから気軽に問い合わせの電話がかかってきたのだと思う。「情報は階級や肩書きではなく人に集まる」といわれていたが、本当にそうだった。

筆者が幹部だったら、韓国軍が来日した際に、韓国軍の准尉殿から説教されることもなかっただろう。筆者は韓国軍の「中士」に相当する階級だったから、本音の話をしてくれたのだと思う。それまで下士官の役割と重みについて、あまり深く考えたことがなかったのだが、「本物の軍隊」である韓国軍の准尉殿の説教が、下士官の役割について改めて考えるきっかけとなった。

朝鮮危機の最中にバーベキュー

筆者が福岡で勤務していた時の話だが、いまでも腹立たしく思うのは、黄海で韓国海軍と北朝鮮海軍の武力衝突（第一延坪海戦・一九九九年六月）が起きているのに、その週の週末に隊長主催のバーベキューを行なうことになり、急いで翻訳している筆者のすぐ後ろで、勤務時間中にもかかわらず幹部がパソコンの前に集まって肉や野菜の量を計算していたことだ。

彼らにとっては、朝鮮半島（しかも、福岡から約六〇〇キロという東京よりも近い海域）で進行している武力衝突などはどうでもよかったのだろう。「平時が有事」といわれる情報の世界で、情報幹部の平和ボケぶりも、ここまでくると手の施しようがない。

もちろん隣国の情勢に関係なく予定通りバーベキューは行なわれた。当日の勤務者を除く情報幹部が全員、隊長の自宅に集まっているので、緊急事態が発生した場合（すでに韓国軍と北朝鮮軍が交戦しているので緊急事態なのだが）にいつでも呼集できるという意味においては「即応態勢」といえなくもない。ただし、ビールを飲んでいなかったらの話だが。

それにしても、それ以上の緊急事態となると第二次朝鮮戦争開戦となるわけだから、北朝鮮軍の弾道ミサイルが日本へ着弾したり、北朝鮮軍の長射程砲がソウルへ向けて砲撃を開始したら呼集をかければよかったのだろうか。

筆者は情報収集と翻訳の仕事があるので休日出勤していたのだが、孤独と矛盾と虚しさを感じていた。筆者からファックスを受け取る部署の人々も休日出勤しており、事態の推移を注視しているのに、肝心の部署が総出でバーベキューをしていたのだ。

情報幹部の平和ボケぶりを象徴するようなエピソードはまだまだあるが、それをいちいち書いていてはキリがないのでやめておく。空自の情報組織の能力が低い原因の一つには、こうした情報幹部が少なからず存在していることがある。とても勉強熱心で尊敬する立派な幹部もいたのだが少数派だろう。

平和ボケしているのは幹部だけではなく空曹も含まれる。しかし、幹部の平和ボケは幹部個人にとどまらず、部下にまで「伝染」してしまうから問題なのだ。この例のように、隊長が「バーベキューをやる！」と言い出したら、何があってもやらなければならない。隊長の言うことに反対したら勤務評定に響いてしまうからだ。

幹部と空曹の違いには「高度な教育を受ける機会」の有無もある。空曹には公費で大学や大学院で教育を受ける機会はない。しかし、高度な教育を受けた幹部が、その成果を職務に生かせるかどうかは別の話だ。

「優秀な幹部」を養成するための一環として、米国やオーストラリアなど海外へ留学させる制度がある。筆者の部署からも米空軍へ留学した情報幹部がいた。人選の基準は「いなくても支障がない幹部」（もちろん、公式には「優秀な幹部」）だった。そこで、遅刻と無断欠勤の常習犯の二等空尉が派遣されることになった。米国へ「島流し」になったわけだ。

とはいえ、人事記録上は米空軍へ留学したのだからエリートということになるので、帰国してからが大変だった。東京へ「栄転」した彼の日課は、基地の池にいる鯉のエサやりだった。それでも三等空佐に昇任したので某部隊の隊長になったのだが、その部隊は荒れてしまったらしい。階級と能力が合致していないと部下が迷惑を被ることになるのだが、このような指揮官は珍しくない。

こうした幹部が増える理由は、情報の仕事はミスをしても人命にかかわることがないからだろう。とくに情報本部分析部の人事はひどかった。空自の情報組織で使いモノにならない幹部を情報本部へ「栄転」させてしまうからだ。明らかに当人の過失で部下を死なせた人物も情報本部へ「栄転」していた。空自のなかには、そのような問題のある人物の居場所がなかったからだ。

情報組織にはいろいろな職務（肩書き）があるが、せめて「分析官」という肩書を持つ担当者は、自分の頭で分析してほしいと思う。筆者が現職自衛官だった当時の情報組織には、技術系の博士号を持っている隊員はいても、国際関係や地域研究の分野で博士号を持っている隊員はいないようだった。

高度な分析を行なうにあたっては、博士号は無理でも、せめて修士号くらいは取得しておく必要があるため、エリート幹部を国内の一流大学の大学院へ公費で通学させる「国内留学」という制度があった。

しかし、分析のレベルの底上げを図るためには、エリート幹部だけでなく、叩き上げの幹部（部内幹部）にも大学院で教育を受ける機会を与えるべきだと思う。意欲のないエリートよりも、意欲のある叩き上げを育てるべきだと思うからだ。

筆者の部署にいた部内幹部（二等空尉）は、「国内留学」を強く希望していたのだが、「部内幹部」だという理由だけで却下された。このため自費で社会人向けの大学院へ進学して修士課程を修了し、再度、「国内留学」を希望し、やっと熱意が認められて「国内留学」を果たした。修士課程を二回修了することになるのだが、「国内留学」の場合は大学院での研究だけに没頭できるというメリットがあったからだ。

しかし、「国内留学」のために筆者の部署の所属となったエリート幹部は、入学した途端に髪の毛を茶色に染め、サーフィン三昧の生活を送っていた。たまに報告などで市ヶ谷へ来るのだが、防衛省の敷地のなかを、異様に日焼けした茶髪の人物が制服を着て歩いている姿を見た時は情けなかった。

本人は気にもしていないのだろうが、意欲のない人物でも防大出身というだけで、あっという間に三等空佐に昇任し、多くの部下を率いる立場になってしまうのだから、空自の人事はどこかおかしい。これは極端な例なのかもしれないが、残念ながら向上心を持って（公費で）通学している幹部に筆者は出会ったことがない。向上心に燃えている幹部は自費で夜間や通信制の大学院に通っていた。

本物の分析官が育たない……

最近の防衛省専門職員の採用試験（国際関係）で出題される論文の課題はハイレベルなので、これを短時間で完璧に論述できた人物だけが合格しているとしたら、分析を行なうための基礎はある程度できているといえる（論文なので「正解」があるのか？　という疑問はあるが）。

しかし、自衛官のレベルについては疑問が残る。情報本部へ異動するにあたり試験があるわけではないし、高い能力を持つ人物は陸・海・空の情報組織がなかなか手放さないからだ。

筆者が博士課程に在籍していた時に感じたのは、収集した情報を吟味し、分析するためには、その分野について博士レベルの知識と分析技術が必要だということだった。もちろん学歴は高卒でもいいのだが、博士に相当する知見は必要なのではないかと思う。

分析には「終わり」や「完璧」というものはない。分析結果は担当者の能力によって異なってくる。より高度な分析（突っ込みどころのない分析）を行なうためには、高いモチベーションを維持し、常に新しい知識を吸収し、研究を続けなければならない。

偉そうな話をしていると思われるかもしれないが、実際に博士号を取得してみて感じたのは、博士の学位はゴールではなくスタートだったということだ。つまり、「いちおうマシな分析ができますよ」ということを客観的に示す目安に過ぎないということだ。

情報だけでなく、どのような分野でも共通していることだと思うのだが、いい仕事をするためには常に勉強が必要だし、ましてや人の上に立つ幹部となれば高卒だろうが防大卒だろうが常に修練が必要だと思う。

階級が高いだけで基礎的な知識もないのに「分析官」にしてしまうことも問題だと思う。筆者は情報本部分析部が作成した資料を毎日読んでいたが、（たまたまかもしれないが）分析結果が新聞記事のコメントなど、どこかで読んだような文章と同じになっていることがある。

北朝鮮担当の分析官になってしまった幹部（階級は秘密）が、「北朝鮮について基礎から勉強をするためには何を読んだらいいか」と筆者に聞いてきたことがある。当人は北朝鮮情報など全く扱ったことがないので、正真正銘のド素人だったのだ。

こんな人事があっていいのかと思ってしまうが、分析部ではよくある人事のようで、筆者の知人の飛行開発実験団の技術幹部は、情報本部に異動して航空機の技術とは全く無縁のアフリカ担当にされていた。市ヶ谷で当人とバッタリ会った時、「いまはツチ族フツ族の担当だよ！」とふてくされていた。

航空機の装備の技術開発を担当していたのだから、なぜ情報本部でこれまでの知識と経験が活かせる部署に配属しないのだろうか。幹部の人事は謎が多いが、北朝鮮情報の重要度を考えると、現在はデタラメな人事が改められていると思いたい。

たまに雑誌などで「元情報分析官」という肩書の専門家を見かけるが、具体的にどこの組織で何を専門に分析していたのだろうと思うことがある。素人でも的外れだと分かるような分析が目に付くからだ。このような人物は、さきのド素人分析官のように階級だけで分析官になってしまったパターンなのかもしれない。

もちろん、仕事に真摯に取り組んでいる分析官もいる。このような人々の努力により組織は支えられている。問題のある幹部を見て見ぬふりをしながらモチベーションを保つのは大変だと思うが、組織の機能が低下することを防ぐために頑張っていただきたいと思う。

このような実情があるためか、筆者の元同僚は退職して米国の大学院に留学し、米国で就職してしまった。二等空尉の時に自衛隊の仕事に見切りをつけて退職する情報幹部を何人も見てきたが、仕事ができなくて退職する人はいなかった。二〇代で退職する幹部のほうが能力が高いとはいわないが、上司のままでいてほしかった幹部も退職してしまった。

資料隊は外国語ができる隊員ばかりなので外資系企業へ転職する人もいた。拳銃と英語と中国語のプロの女性幹部も退職してしまったが、拳銃の腕以外は自衛隊では能力が活かせないと思ったのかもしれない。

二〇代で退職するのは幹部ばかりではなく、空曹の「語学員」の退職者も多いと空幕の担当者から聞いたことがある。このため「語学手当」を支給するという案もあったそうだが実現しなかった。

勤務時間外に猛勉強して語学力を向上したところで、昇任や昇給につながるわけではないうえ、翻訳会社に外注した場合の半額以下で翻訳しているので、処遇に納得できず退職する隊員が出てくるのは仕方ないのかもしれない。筆者の場合は翻訳会社の報酬に換算すると、翻訳だけで毎日二万円以上の仕事量だった。空自に朝鮮語のプロがいなかったのは、若いうちに退職してしまったからなのかもしれない。

第四章　目の前の危機・北朝鮮軍への備え

米・韓の二四時間態勢の監視・情報収集

米軍は北朝鮮軍の動向を偵察衛星だけでなく、電子偵察機（情報収集機）を運用して情報収集を行なっている。

米空軍は高度約二万メートルを飛行する高高度偵察機U－2Sを韓国の烏山《オサン》空軍基地に配備しており、非武装地帯付近を長時間飛行して情報収集を行なっている。烏山には四機のU－2Sが配備されているので二四時間体制での情報収集が可能となっている。

また、嘉手納基地（沖縄県）の米空軍のRC－135V／Wや米海軍のEP－3も情報収集飛行を行なっている。このほかにも、韓国への飛来回数は少ないが、地上の移動目標を監視するE－8（J－STARS）による情報収集も行なわれている。

米陸軍の平沢《ピョンテク》基地には第五〇一軍事情報旅団第三軍事情報大隊のRC－12D／H偵察機とRC－7B（EO－5C）偵察機が配備されており、非武装地帯付近を飛行して情報収集を行なっている。RC－7Bは光学・赤外線の走査カメラを搭載しているほか、通信傍受能力も備えている。

このほか、韓国空軍のレイセオン・ホーカー800をベースにした電子情報偵察機「白頭」（ホーカー800SIG）、画像情報収集機「金剛」（ホーカー800RA）が情報収集飛行を行なっている。また、RF－16偵察機も非武装地帯付近を飛行している。

このように、韓国では北朝鮮軍に対してニュースにならないような地道な情報収集活動が航空機だけでも二四時間体制で行なわれている。もちろん、地上の施設でも電波情報の収集とレーダーによる監視が行なわれている。

北朝鮮軍の非武装地帯付近へ移動など、何らかの動きがあった場合はこれらの情報収集手段によって察知できるだろうから、朝鮮戦争の時のような地上軍による大規模な奇襲は不可能となっている。

北朝鮮で弾道ミサイルの発射兆候があった場合は、事前に弾道ミサイルの情報を収集するために米空軍のRC－135Sと、米海軍のミサイル追跡艦「ハワード・O・ローレンツェン」が米国本土から朝鮮半島周辺へ展開する。

つまり、「ハワード・O・ローレンツェン」が米海軍横須賀基地や佐世保基地へ入港した場合や、RC－135Sが米空軍嘉手納基地や横田基地に飛来した場合は、北朝鮮の弾道ミサイルの

米海軍のミサイル追跡艦「ハワード・O・ローレンツェン」〔U.S.Navy〕

発射兆候があることを意味する。

また、北朝鮮で核実験の兆候がある場合はWC－135大気収集機が米国本土から嘉手納基地へ展開し、核実験実施後、日本海上空で大気中に含まれる微量の放射性粒子を収集している。この大気収集は集塵ポッドを搭載した空自のT－4練習機も行っている。

自衛隊は海自がEP－3、空自がYS－11EBで電波情報を収集しているが、米軍のような常続的な情報収集飛行は行なっていないようだ。

在韓米軍と韓国軍は共同で北朝鮮の軍事動向に応じて監視態勢を強化している。この態勢は五段階からなり「ウォッチ・コンディション」（WATCHCON）という呼称で運用されている。

この態勢は朝鮮戦争が現在も休戦状態であるため平時でもレベル4が維持されている。北朝鮮の軍事動向の危険度が高まるとレベルが引き上げられ、情報収集機による監視が強化されるとともに情報分析要員が増員される。

・WATCHCON－1

北朝鮮軍が開戦を決心したことが明白で部隊を移動した場合。北朝鮮により韓国国内に深刻な問題が発生した場合に発令される。この態勢は、事実上、戦争の勃発を意味する。一九五三年の朝鮮戦争休戦以降「WATCHCON－1」が発令されたことはない。

・WATCHCON－2

北朝鮮軍による攻撃が憂慮される場合に発令される。具体的には、北朝鮮軍の部隊の移動など、活動が活発化した場合。あるいは、北朝鮮により韓国国内が不安定になる恐れがある場合。この段階が発令されると偵察衛星による写真撮影、電波情報の収集など、様々な手段による情報収集と監視が強化される。「WATCHCON－2」は、これまで一一回にわたり発令されている。二〇一五年八月二二日の北朝鮮軍による砲撃が最後（この時は韓国軍全軍に最高警戒態勢が発令された。二〇一八年一月一日現在）。

・WATCHCON－3

特定の攻撃兆候を捕捉した場合に発令される。この段階が発令されると情報要員の勤務体制が強化され、全員が所定位置で勤務するか待機し、北朝鮮軍の監視を強化する。

・WATCHCON－4

潜在的な脅威が存在し、監視を継続する必要がある状況。（平常時はこの段階）

・WATCHCON－5

異常な軍事活動が全くない状況。

韓国で「ウォッチ・コンディション」が強化された場合は、日本の情報組織も態勢を強化する必要があると思う。しかし、少なくとも筆者が在籍していた頃の空自の情報組織は、韓国軍と北朝鮮軍が交戦するような事態となっても、組織として情報収集態勢が強化されることはなく、「個人の判断」すなわち「個人的な時間外勤務」に委ねられていた。

組織として情報収集態勢を強化するために、「ウォッチ・コンディション」のようなものを自衛隊も採用すべきではないだろうか。たとえば、電波情報の現場では、収集態勢を強化するためにシフト勤務を組み直さなければならない。

常に人手不足の自衛隊はギリギリの人数でやりくりしているので、情報収集に必要な人員を増員する場合、具体的にどこの所属の隊員を何人増員するかなど、あらかじめ「やりくり」を計画しておく必要がある。

空軍は常時空中待機、陸軍も「五分待機」

韓国空軍が来日したときに、たまたま隣りにいた韓国のパイロットに「北朝鮮の飛行機が飛んでいるときはＣＡＰ（戦闘空中哨戒）するんですか？」と質問してみたら、「そんなの当たり前だろ」という顔をされてしまった。

韓国は日本と違って北朝鮮と陸続きであるうえ、韓国の防空識別圏の北端が北緯三九度線となっているため平壌上空も含まれている。つまり、韓国軍は北緯三九度線以南を飛行する北朝鮮の航空機をすべて把握し、監視しておかなければならないのだ。

一〇分程度で韓国と北朝鮮の境界線を越えてしまうような至近距離を北朝鮮機が飛行しているので、韓国へ向けて南下してきた場合、空自のような「五分待機」では間に合わない。五分以内で離陸するためには、かなりの訓練が必要となるので空自のレベルは間違いなく高い。しかし、これは島国ならではの対応といえる。

韓国空軍では日の出から日没までの間は、実弾やミサイルを搭載した戦闘機を常時四個編隊飛行させることになっている。実際に一九九六年に北朝鮮軍のＭｉＧ－19戦闘機が亡命した時は、訓練中の韓国軍の戦闘機が最初にＭｉＧ－19の誘導を行ない、あとからスクランブル（緊急発進）してきた戦闘機と交代して水原《スウォン》空軍基地へ誘導した。

このＭｉＧ－19のパイロットは亡命先として、最初から水原基地を目指していた。その理由は、戦争になった場合に水原基地を攻撃するという任務を付与されていたので、水原基地までのルートを熟知していたからだった。韓国での調査の過程でこのパイロットは、水原基地は北朝鮮で見た衛星の写真どおりだったと証言している。

亡命時に大尉だったこのパイロットは、亡命後に韓国空軍の軍人となり最終的に大領（大佐）

へ昇任している。ここまで昇任するのだから、韓国軍に北朝鮮軍の戦術・戦法を伝授するなどして、韓国の防衛にかなり貢献したのだろう。

一九九六年に韓国東海岸で発生した「江陵潜水艦座礁事件」では、韓国陸軍が空軍と同様に「五分待機」していることが明らかになった。このような態勢にあったため初動対処はよかったのだが、日頃から北朝鮮軍の特殊部隊の侵入に対応する訓練を積んでいる韓国軍でも、掃討作戦では苦戦を強いられた。

一九六八年の「青瓦台襲撃未遂事件」（北朝鮮軍特殊部隊三一人が韓国の大統領府を襲撃しようとした事件）を教訓に創設された「五分待機戦闘組」は、連隊や旅団に一個小隊、小規模な特殊戦部隊には一個中隊が編成されており、緊急事態発生時の初動対処を行なう。

ある夜間の訓練では、緊急事態発生の一報を受けて、戦闘靴からガスマスク（場合によっては防弾チョッキを含む）を着用したまま眠っていた隊員全員が即座に起床し、迅速に銃を携行し、指揮統制室の前で待機しているトラックに乗車。小隊長が指揮統制室で正確な状況を把握し乗車した後、営門を通過するまで四分二〇秒だったという。

◇五分待機戦闘組の編成例

指揮組：小隊長、通信兵、衛生兵、運転兵

捜索一組：一分隊

捜索二組：二分隊
遮断組：三分隊
支援組：小隊本部（通信兵を除く）
総員は三〇人。運転兵とともに配属された2½トラックで移動する。
◇基本的な任務
・緊急時の初動対処
・敵の小規模な特殊部隊の侵入
・営門をはじめとする哨所で不審者が哨兵を威嚇した場合
・民間人が酒を飲んで乱闘した場合
・山火事など火災が発生した場合
・その他、指揮官と当直司令が必要と認めた場合

韓国の実戦的訓練

二〇一一年五月一八日夜、韓国東海岸の慶尚北道《キョンサンブクド》蔚珍《ウルジン》原子力発電所が特殊部隊に占領された。ヘリコプターから降下した特殊部隊員は、蔚珍原発の正門まで移動した後、原発敷地内へ侵入し、主要施設を次々と占拠していった。

原発内の警戒要員だけでなく、近隣の陸軍部隊から投入された隊員も次々と制圧され、原発の

主要施設が爆破された。奇襲を受けた原発側の統合防衛態勢は初動対処の段階で混乱していた。

これは韓国国防部が陸軍の特殊部隊を投入して実施した訓練で、北朝鮮による重要施設に対するテロの可能性に備えるために、原発などの重要施設の「民・官・軍」による統合防衛態勢の点検を目的に行なわれたものだった。訓練の主体は韓国軍だったのだが、事前に通告することなく実戦同様に実施された。訓練は国防部特検団（チェ・ヨンリム中将）により行なわれた。

特殊部隊員は原発の敷地から一〇〇メートルほど離れた海岸にUH－60ヘリコプターから降下した後、迅速に原発の正門へ移動し、正門を突破した。つまり、警備が厳しいはずの正門から「侵入」したのである。

点検は午後一一時二〇分まで二時間近く行なわれたのだが、特殊部隊がすべての施設を占領するのに一時間もかからなかった。

韓国軍関係者はマスコミの取材に対して、「一部の職員は、緊急事態時の統合防衛態勢マニュアルに基づいて招集命令が下されてから一時間後に酒に酔って現われた」とし、「この日の点検を通じて明らかになった問題点は、詳細な対応マニュアルに反映することにした」と明らかにしている。

この訓練における原発側の対応は不十分だったのだが、日本の原発で同様の訓練が行なわれたらどうなるだろうか。問題点が続出するだろうが、その問題点を解決しておかなければ北朝鮮軍の特殊部隊やテロリストから原発を守ることはできない。

例えば、静岡県・浜岡原発では、二〇〇一年九月からテロへの警戒強化として県警機動隊銃器対策部隊で編成する警戒部隊三三人が二四時間体制で警戒にあたっている。他の原発でも警戒隊による警備が行なわれている。

佐賀県・玄海原発の原発警戒隊では二四時間三交代で敷地内及び周辺の警戒を行なっている。また、新潟県・柏崎刈羽原発の原発警戒隊では、一六梃のサブマシンガンを所持した警戒隊員と二人のライフル狙撃隊員が警戒にあたっている。

しかし、SAT（警察の特殊部隊）の到着に二時間以上もかかる原発が三割近くある。軽機関銃にしても、相手と同等の武器の使用しか許さない「警察官職務執行法第七条」に縛られ、有事に対応できないのが現状だ。

現在もこのような陣容で警備を行なっているのかは定かではないが、北朝鮮軍の特殊部隊に対応する場合は陸上自衛隊の応援が必要となる。特殊部隊による攻撃が予想され、事前に陸自部隊が展開していた場合を除いて、「平時」には無理と分かっていても警察だけで対応するしかない。

韓国軍の「陸軍科学化戦闘訓練団」には、北朝鮮軍を完璧に模擬した専門対抗軍部隊である「チョンガル部隊」が存在している。この部隊は、「江陵潜水艦座礁事件」で逃走した武装工作員の掃討作戦で韓国軍に大きな損害が発生したことを教訓に二〇〇二年に設立された。

この部隊は北朝鮮軍式の戦術と編制で活動している。戦闘訓練ではレーザー、映像、データ通信、コンピューターを使用する。兵士の位置は三〇秒単位で中央統制装置に伝送される。

「チョンガル部隊」は一〇対五〇での戦闘で、三人程度の死傷者で敵軍五〇人を倒すことが可能な戦闘力を保持しており、「敵より強い敵」である専門対抗軍を養成するために高度な訓練を実施している。

二〇一〇年三月四日には陸上自衛隊の二等陸尉をはじめとする初級幹部一二人が、「チョンガル部隊」の隊員一二人と約三〇分間にわたりレーザー交戦装置（陸自の「バトラー」に相当）を用いて戦闘を行なったのだが、陸自側は一一人戦死、一人負傷という判定となった。ただし、このような結果になったのは、韓国軍側が地形などを熟知しているなど、あらゆる面で有利な条件にあったためで、陸自がまったく相手にならなかったというわけではない。

すでに陸自の「部隊評価訓練隊」（富士訓練センター）が取り組んでいるかもしれないが、北朝鮮軍特殊部隊を想定した訓練を行なうことも必要だろう。そのためには、日本へ上陸することが予想される北朝鮮軍の装備及び戦術を研究するための詳細な「情報」が必要となる。

韓国軍の敵は北朝鮮軍しかいないため、韓国軍は対北朝鮮に特化した訓練を行なっている。「部隊評価訓練隊」も「チョンガル部隊」から学ぶべきことは少なくないだろう。この部隊を日本へ招いて、陸自の演習場で対抗戦を行なうくらいのことはしていいと思う。

北朝鮮軍に対応する訓練では、特殊部隊の日本への侵入からはじまり、テロやゲリラ戦の対処、捕虜の尋問、逃亡した特殊部隊員の掃討作戦など、一連の流れを検証する必要があると思う。その流れには、捕虜収容施設の確保など、戦闘とは直接関係のない後方支援の問題も含まれる。また、通訳が実戦で役に立つのか検証することも必要だろう。

一九九五年一〇月一七日午前二時二〇分頃、韓国京畿道《キョンギド》坡州郡《パジュグン》の臨津江《イムジンガン》の「自由の橋」下流一・五キロ地点で、警備中の韓国軍第一師団の兵士二人が異常な物音と人の気配に気づき、深い霧の中を川岸に上陸してきた武装工作員を発見、約一〇分間にわたり銃撃し、さらに手榴弾を投擲した。付近を捜索したところ、同七時一五分頃、潜水服姿の武装工作員一人の遺体が発見された。

現場は板門店の南東約一〇キロ。周囲には二人以上がつけたと見られる潜水用の足ひれの跡があり、リュックサック二個とM-16小銃二梃、手榴弾一個が発見された。韓国軍首都防衛司令部は、射殺された武装工作員は黄海側から臨津江をさかのぼって侵入した可能性が高いと見ている。

現場で公開された捕獲品には、製造元不明のM-16小銃のほか、カナダ製拳銃各二梃、銃弾二一〇発、固形食糧、中国製チョコレート、各種薬品などがあったが、このうち、潜水道具のシュノーケルと足ヒレのほかカメラや望遠レンズ、フィルム、薬品などは日本製であった。

射殺された工作員は侵入当時、ゴムの潜水服の下に韓国軍の軍服を着ていたことから、侵入後は韓国軍兵士を偽装することになっていたとみられる。侵入目的について韓国国防部は、韓国国内で同時期に米韓合同軍事演習「フォール・イーグル」が行なわれていたため、演習に対する偵察活動の可能性が高いとみている。

韓国政府は二人の兵士を一階級特進させるとともに、武功勲章及び大統領表彰を授与した。また、三泊四日の済州島《チェジュド》での休暇を含む、一五日から六〇日間の特別休暇が与えられた。過去には同様の功労により、ヘリコプターで地元へ「凱旋」し、一年間の休暇を与えられた兵士もいる。

それにしても、兵士の一人は二等兵で入隊してから二ヵ月しか経っていなかった。韓国は徴兵制なので大学在学中に入隊する場合が多いのだが、つい最近まで大学生だった新兵でも前線で警戒任務に就くため厳しく訓練されていたのだろう。徴兵された兵士が入隊する陸軍訓練所の基礎訓練は五週間なので、ほんとうに配置された直後の出来事だった。

日本の現実を無視した〝机上〟の計画

次に記述する内容は、机上の計算だけで計画（作戦）を立案した例である。内容は、北朝鮮軍の特殊部隊が日本へ上陸した場合の対処についてだが、北朝鮮軍の特殊部隊員の能力などの基本的な情報がまったく考慮されていないことがわかる。

二〇〇三年から二〇〇五年にかけて、防衛庁（当時）と陸上幕僚監部（陸幕）が、北朝鮮軍の特殊部隊員が侵入した場合の対応について検討した。防衛省が新たな対応策を策定したという報道がないため、おそらくこの計画は現在も踏襲されていると思われる。

防衛庁は、日本海沿岸に高速艇や潜水艇で侵入を試みる北朝鮮軍特殊部隊に対し、海自が八〇パーセントを撃退、陸自が沿岸部で残る勢力の四分の三を撃退。残りの五パーセントが内陸部への侵入に成功すると想定している。

侵入する人数については、防衛庁は数百人、陸上幕僚監部は八〇〇〜二五〇〇人と想定している。防衛庁はもともと数千人の特殊部隊員による侵攻を想定していたのだが、米軍が「多くても数百人」と主張したため、防衛庁が「数千人」を「数百人」へと一ケタ変更し、基本的に自衛隊が単独で対処することにしたという経緯がある。

特殊部隊員が内陸部に侵入した場合、陸自は六〇〇〇人で対応するとしている。その内訳は、上陸地点を囲む一次包囲環に三〇〇〇人。一次包囲環の内側に普通科、戦車部隊など約一〇〇〇人が二次包囲環を形成して追い詰める。このほか、包囲する部隊の戦闘を後方で支援する施設、対空防護部隊などに二〇〇〇人を配備するというものである。

本稿では防衛庁が想定している内陸部への侵入に成功した五パーセントの人数を、大幅に減らして一二人と仮定して計算する。偵察総局の特殊部隊員の最小行動単位は三人といわれているため、上陸した特殊部隊員が一二人の場合、四組のグループに分かれる可能性が高い。このため、四組が侵入したとするとして計算すると、捜索に二万四〇〇〇人(六〇〇〇人×四組)が必要となる。

さらに、この包囲網とは別に、特殊部隊の上陸に備え、北海道から九州の沿岸を一〇キロごとに区割りし、計九〇ヵ所に移動式レーダーを備えた部隊一万五〇〇〇人を配備するとしている。また、防衛出動などが発令された場合、政府機関、原発、石油貯蔵所、浄水場、在日米軍基地、航空管制施設、通信施設の七種類、計一三五ヵ所が攻撃目標になると想定されているため、計一一万九〇〇〇人が警護に投入される。

これらの施設の警護には警察も投入されるだろう。しかし、警察官は全国で約二三万人いるが、機動隊員はこのうち一万四五〇〇人にすぎない。

陸自の二〇一六年現在の現員（実際の人数）は一三万八六一〇人。このほか、即応予備自衛官八一七五人、予備自衛官四万六〇〇〇人、予備自衛官補四六〇〇人である。防衛出動が発令された場合は予備自衛官等も動員されるため、陸自の隊員は一九万七三八五人となる。

要するに、特殊部隊員の上陸を阻止したり、上陸した特殊部隊員を捜索する人員だけで計一五万八〇〇〇人が必要となる。このため、特殊部隊対策以外の任務に投入可能な人数は三万九三八五人となる。

しかし、二四時間体制で「有事」が終わるまで交代なしというわけにはいかないだろうから、この三万九三八五人は交代要員となる可能性が高い。このため、陸自の全ての人員が特殊部隊対策に投入されることになる。

これはあくまでも一二人が侵入した場合の数字である。北朝鮮軍には特殊部隊員が約二〇万人いると言われているが、前述したように、防衛庁は数百人、陸上幕僚監部は八〇〇から二五〇〇人を想定している。仮に、陸上幕僚監部の最大の見積り（二五〇〇人）で計算すると、約八三〇組（二五〇〇人÷三人）という途方もない数になる。

防衛庁の想定では、海自が八〇パーセントを「撃退」するとしているが、日本へ接近する北朝鮮海軍の艦艇の数がわからないうえ、多くが漁船で接近するだろうから、もともとの数字が分からないので「八〇パーセント」撃退した後の数字が分からない。また、「撃退」の方法も分からない。「撃沈」するのは簡単だが「撃退」するのは相当難しい。体当たりして妨害を続けるのだろうか。

それに漁船をいきなり撃沈するわけにはいかないだろうから、停船させて「護衛艦付き立入検査隊」が船内を調べることになる。しかし、もしこの漁船に特殊部隊員が乗り組んでいたら、海自は死傷者の発生を覚悟しなければならない。

陸自も沿岸部で残る勢力の四分の三を「撃退」するとしているが、海自と同様にその手段がわからない。海岸から威嚇射撃しても一時的に沖合に逃げるだけだろう。それに、「撃退」したからといって、素直に北朝鮮へ戻るという保証はない。燃料が続く限り、何度でも上陸を試みるだろう。自衛隊に妨害されたからといって、おめおめと北朝鮮へ戻ったら、どんな処罰が待っているかわからない。

防衛庁が参考にしたという韓国での上陸事件「江陵潜水艦座礁事件」では、座礁した潜水艦の乗組員及び工作員計二六人に対し、韓国陸軍は東京都の三倍の面積を約五〇日間にわたり一日最大六万人を投入して掃討作戦を実施した（実際には、潜水艦乗組員は上陸直後に集団自殺したため、捜索対象は工作員三人から四人。最終的に一人を発見できないまま捜索を終了）。

東京都の三倍の面積を捜索した理由は、偵察局（当時）所属の工作員が山岳地帯を一日で移動できる距離を考慮した結果である。

このような大規模な捜索が行なわれた「江陵潜水艦座礁事件」の、どの部分を参考にしたら六〇〇〇人という数字になるのか、その根拠が全く分からない。韓国と同様に六万人というのなら理解できるのだが。

※江陵潜水艦座礁事件

北朝鮮軍偵察総局は、韓国における偵察活動を行なうため、多くの小型潜水艦（艇）を保有している。この事件は潜水艦を用いた侵入事件の中でも代表的な事案である。

韓国江陵沖で座礁した北朝鮮のサンオ級潜水艦〔国防部〕

一九九六年九月一八日未明、偵察任務を付与された工作員が偵察局（当時）所属のサンオ級潜水艦により韓国・江陵《カンヌン》海岸へ上陸、任務を終えた工作員を帰還させるために潜水艦が海岸へ接近したところ座礁した。座礁直後、乗組員二六人全員が潜水艦から上陸し、逃走した。

韓国軍は一一月七日まで延べ一五〇万人を投入して捜索を行ない、工作員三人を含む乗組員二六人のうち二四人の死亡を確認し一人を逮捕したものの、一人が逃走した。乗組員（工作員）の捜索過程で、乗組員（工作員）からの反撃、韓国軍の誤射などにより兵士、民間人合わせて韓国側は一六人の犠牲者を出した。

押収された工作員のカメラには、飛行場、海岸の風景、通信基地の鉄塔などが写っていた。工作員の捜索に当たった韓国軍・警察の合同捜索本部の発表によると、韓国へ侵入した目的は、民間防衛訓練の偵察、江陵空軍飛行場の偵察、ケバン山の軍事通信施設の偵察、将来の大規模な軍事行動のための計画を事前に立て、成功の可能性を探るとともに、潜水艦を使用した水中からの侵入方法を確認するためであった。

一一月五日に上陸地点から一〇〇キロ近く離れた南北軍事境界線の近くで射殺された工作員二人の遺留品からは、逃走経過を記録したメモが発見されている。このメモは九月一五日の潜水艦の江陵沖到着に始まり、一〇月八日の民間人射殺、交通要所の橋の通過など、一〇月二八日までの偵察活動一二日分が克明に記されていた。

二人の工作員は六万人余りの韓国軍の大包囲網を突破し、逃走を続けながらも偵察活動を続けていたのである。この事案は、第一発見者が近くを通りかかったタクシー運転手であったことから、潜水艦が座礁せず海岸線を離れていたら、韓国軍に発見されなかった可能性が高く、韓国軍の沿岸防衛の問題点を浮き彫りにした。

韓国「麗水半潜水艇撃沈事件」

北朝鮮の工作船に対する日本の対応は、韓国と比較すると甘い。過去の日本領海への工作船の侵入と工作員の上陸については、警察や海上保安庁では周知の事実だったにもかかわらず、前年の韓国での事件（麗水半潜水艇撃沈事件）の教訓も活かされなかった。

一九九八年一二月一七日午後一一時一五分、韓国の南端に位置する麗水《ヨス》市の沿岸を警備していた韓国軍の兵士が半潜水艇を発見した。その後、半潜水艇は逃走したのだが、一八日未明、韓国海軍による激しい砲撃により沈没した。

当時、筆者は福岡で勤務していたのだが、この日（一七日）の昼の時点では、韓国近海へ工作船と工作船から発進した半潜水艇が、韓国の南海岸へ接近していたことに気付いていなかった。この日は、韓国東海岸の浦項《ポハン》飛行場から何度も韓国海軍のＰ－３Ｃ対潜哨戒機が対馬海峡を抜けて東シナ海へ向かっていた。しかし、東シナ海へ入ると高度を下げ空自のレーダーから消えていたためＰ－３Ｃが何をやっているのか分からなかった。

空自は韓国空軍との協定で、対馬海峡周辺を飛行する航空機のフライトプラン（飛行計画）を交換することになっている。フライトプランがないと韓国機と分かっていても、国籍不明機となってしまうため場合によっては戦闘機がスクランブルすることになるからだ。

この日もＰ－３Ｃのフライトプランを春日基地（福岡県）の防空指令所が把握していた。しかし、奇妙な飛び方をするため、防空指令所からＰ－３Ｃに対して無線で飛行目的を聞こうとするのだが返答がなかった。

その代わりに朝鮮語の無線交信が聞こえてきた。どうやらＰ－３Ｃが地上か海上のどこかと交信している様子だった。このため夕方になって筆者が防空指令所へ呼ばれた。筆者の仕事は、朝鮮語の交信内容を聞き取ることと、英語で呼びかけても返答がなかった場合に朝鮮語で警告することだった。

※「スクランブル」とは

本書ではスクランブルについて触れるが、ここで、スクランブル（緊急発進）とは何か説明しておきたい。

空自の重要な任務のひとつに「対領空侵犯措置」がある。対領空侵犯措置とは、日本の領空を侵犯するおそれのある航空機や、領空侵犯した外国の航空機に対して、要撃機（戦闘機）をスクランブルさせ、領空からの退去を警告したり、最寄りの飛行場へ強制着陸させるなどの一連の行動をいう。

領空侵犯は、国際法でいうその国の主権の侵害と同じことで、これを防ぐため、自衛隊法八四条に「領空侵犯に対する措置」が定められている。空自レーダーサイトが二四時間態勢で日本周辺空域を監視し、侵犯の恐れのある針路をとっている国籍不明機を発見した場合、国際緊急周波数を使って針路変更を呼びかける。

国籍不明機がこれに応じなければ、空自戦闘機がスクランブルし、相手機に接近して必要な措置をとる。この措置は次のような手順になっている。①無線で警告するとともに、翼を振って退去するよう合図を送る。②応じなければ相手機の機首前方へ信号弾を発射する警告射撃を行なう。③それでも従わなければ、スクランブル機（二機編隊）が相手機の前後にまわり、はさみこむようにして強制着陸させる。

このような手順になっているのだが、強制着陸させた場合の手順が確立されていないなど、問題点は残ったままになっている。

夜になっても韓国側が無視した場合はＦ－15戦闘機を発進させることになった。結局、韓国側が飛行目的を明かさなかったためＦ－15を発進させた。筆者はこのＦ－15の誘導を担当する管制官の横に座ってレーダーで航跡を見ていたのだが、新米の管制官である三等空尉は緊張のあまり正確な誘導ができなかった。その後ろにベテランの一等空尉が立っており、三等空尉が間違えるたびにあれこれ怒鳴っていた。その日は偏西風が強く、直進しているはずのＦ－15がどんどん東に流されていたのだ。

ともかく目的の空域に無事到着させることができた。その時、誰かが「今夜は新月だったな」と言ったのが聞こえた。スクランブルした場合は、対象機の写真を撮影するのだが、夜間であるうえ新月なので無理ということだった。

筆者は、その時になってＰ－３Ｃが工作船を捜索していることに気付いた。北朝鮮の工作船は、明かりのない新月の夜に日本や韓国へ接近することが多いため、韓国軍は新月の前後五日間は海岸の警備を強化している。

このように警備を強化していたため、韓国軍の兵士が半潜水艇を発見することができたのだった。この半潜水艇の撃沈までの経過は次のような流れだった。

一二月一七日二三時一五分頃、麗水市の海岸哨所で観測兵が海岸から約二キロ地点を移動するアンテナとハッチがある五トン級の船舶を発見。発見の報告を受けてから一五分後に出動した警備艇二隻が一帯を捜索したが、当該船舶を発見できなかった。

発見から一時間二五分後（一八日午前一時四〇分ごろ）、四〇から五〇ノットで移動する船舶を発見したため、陸・海・空合同作戦を開始。

午前二時一〇分、韓国軍はレーダーによる追跡を円滑に行なうため、周辺海域で操業中の全ての漁船に停止するよう船舶警報を発令。警報を無視して逃走する半潜水艇を警備艇二隻が追跡。三時七分、韓国海軍警備艇六隻が現場へ急行。三時二〇分、鎮海《チネ》海軍基地で停泊中の八〇〇トン級の哨戒艦が現場へ出動。

四時三八分、哨戒艦が七六ミリ砲と四〇ミリ砲で半潜水艇の左右に警告射撃を実施して停船を要求したが、半潜水艇は七・六二ミリ機関銃を乱射し三五ノットで逃走。

四時四五分頃、韓国南部の金海《キメ》飛行場を離陸した韓国空軍CN－235輸送機が照明弾一七五発を投下。武装したF－5戦闘機が上空を旋回。

五時三五分頃、巨済島南方一〇〇キロの海上で半潜水艇が三五ノットから八ノットへ減速し、追跡する警備艇に機関銃を発射したことで、停船する意思がないと判断し、五時四八分から一〇分間にわたり哨戒艦が七六ミリ砲、四〇ミリ砲、二〇ミリ砲を発射。

五時五八分に半潜水艇に三発が命中、六時二〇分に沈没を始めたが、潜航して逃走することを阻止するため、六時五〇分に爆雷四発を投下した。

半潜水艇は撃沈できたものの、半潜水艇を発進させた工作母船を発見することはできなかった。
この間、韓国海軍は半潜水艇が日本の領海へ入るのを防ぐために八隻の艦艇を動員した。
なお、半潜水艇を最初に発見した二等兵は一階級特進し、武功勲章第四等（花郎武功勲章）を授与された。この勲章は、戦時またはこれに準ずる非常事態下における戦闘で明確な武功を立てた者に授与されるもので、兵士に授与されるのは異例だった。

撃沈後、引き上げられた北朝鮮の半潜水艇〔国防部〕

この事件における韓国軍の対応は自衛隊も参考にすべきではないだろうか。海自は「不審船」を発見した場合は立入検査を行なうとしているが、韓国軍では北朝鮮の船舶と判明しており、なおかつ停船の意思がないことが明確になった時点で撃沈することになっているようだ。

北朝鮮の「不審船」の場合には、韓国軍のように立体的な対応、すなわち、陸・海・空自衛隊、海上保安庁が合同で対処する必要があるのではないだろうか。そのためには平素から合同訓練を行なっておく必要がある。

韓国海軍は二〇〇二年六月二九日の黄海での西海海戦（第二延坪海戦）で、北朝鮮海軍の警備艇二隻が北方限界線（NLL）を越境し、韓国海軍高速艇を先制攻撃したため二五分間にわたり交戦した。

これを教訓に韓国海軍は、示威行動→警告放送→警告射撃→撃破射撃（船体射撃）となっていた交戦規則を、示威行動→警告射撃→撃破射撃（船体射撃）の三段階とし、迅速に対応するために現場指揮官の裁量権を強化した。これは、北朝鮮側がいきなり発砲してくる危険に対応するための措置なのだが、日本へ特殊部隊を送り込む場合も、「不審船」が海自へ一方的に発砲する可能性はある。

筆者の体験から言うと、北朝鮮の「不審船」を「警察官」の身分で立入検査するのは無謀としかいいようがない。これまで日本側に死傷者が出なかったのは、日本側の対応が適切だったからではなく、運が良かったからといえるのではないだろうか。

日本海「能登半島沖不審船事件」

一九九九年三月二三日に発生した「能登半島沖不審船事件」では、事件発生の前日（二二日）に警察庁から各県警に「ＫＢ（KOREAN-BOAT）参考情報」が伝達された。筆者はある部署からこの情報をもらっていた。上司にも同僚にも知らせてはならないという条件だった。

このような上司にも言えない情報はたまにあった。情報を送る前に電話がかかってきて、あらかじめファックスの前で待機し、内容に目を通したら誰にも見せることなく直ちにシュレッダーにかけるように指示されるのだ。このような情報は、情報収集と分析の参考にするために送られてきたものだった。

事件が起きる前に米海軍のP－3C対潜哨戒機の奇妙なフライトプランが入っていた。三沢基地（青森県）から離陸するというものだったのだが、その目的地が変だった。このようなフライトプランを見るのは初めてだった。レーダーでこのP－3Cの動きを見ていたら、能登半島沖で旋回をはじめた。P－3Cは工作船の動きを監視していたのだ。

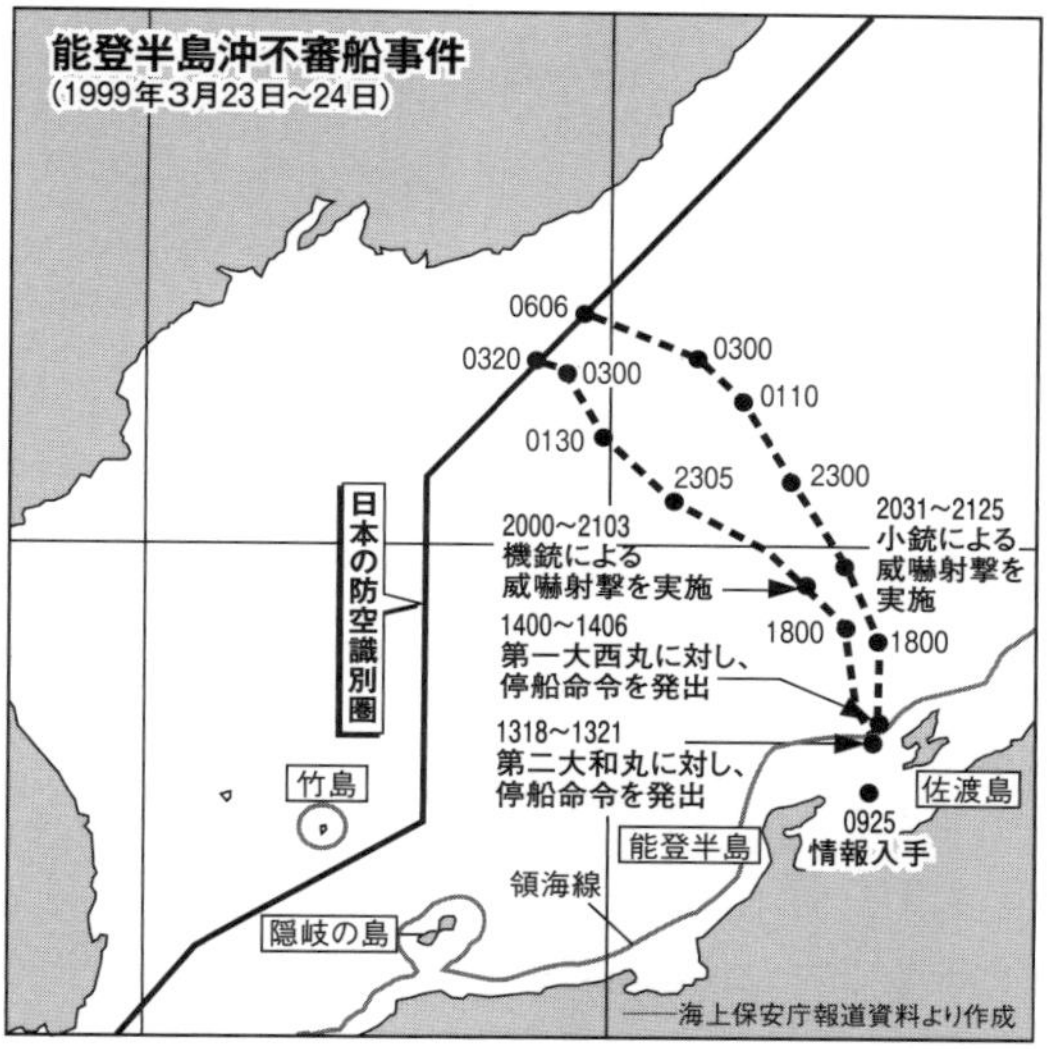

工作船は母港である北朝鮮北東部の清津《チョンジン》を出港したことが米軍の偵察衛星で捕捉されていた。しかも二隻の工作船が接近するという異例の事態だったのだが、日本側は二二日一五時に海自舞鶴基地（京都府）から護衛艦三隻を緊急出港させたものの、日本領海への接近を阻止するような対応はしなかった。翌三月二三日六時四二分になって海自のP－3C対潜哨戒機が日本領海内にいる工作船を発見したとされている。

報道によると、工作船は日本側に「発見」された後に高速で逃走し、翌三月二四日午前三時二〇分に「第二大和丸」になりすました工作船が、六時六分に「第一大西丸」になりすました工作船が日本の防空識別圏を越えたため追跡を断念したのだが、七時五五分に三沢基地のE－2C早期警戒機が羅津《ラジン》から発進したMiG－21戦闘機二機を確認したとされている。

不思議なのは、どのようにMiG－21と特定したのかという点だ。そもそも報道にある羅津には飛行場そのものがない。その周辺でMiG－21が離着陸可能なのは漁郎《オラン》基地と三池淵《サムチヨン》基地しかない。しかし、これらの飛行場にはMiG－21は配備されていないはずだ。

漁郎基地を含む北朝鮮北東部の基地は、北朝鮮空軍の第八航空師団に所属しているのだが、この師団は訓練師団であるため隷下部隊は飛行学校しかない。このため、配備されているのはMiG－15やYak－18などの練習機だけのはずだ。なお、この基地には二〇一四年一一月二八日に金正恩が訪問しており、MiG－15の前で女性パイロットと写真に納まっている。

金正恩との写真にMiG－21が映っていないことからも裏付けられるように、普段から作戦機であるMiG－21が配備されていることは考えにくく、工作船が日本の巡視船と護衛艦に追跡されていることを受けて、他の基地から漁郎基地へ移動して給油後に発進したのではないかと思う。

この事件は、いろいろと不可解な部分がある。能登半島沖に工作船が接近していることを探知していたにもかかわらず、接近を阻止することなくあえて日本領海へ入れたような感じがするからだ。

東シナ海「九州南西海域工作船事件」

二〇〇一年一二月二二日に東シナ海で発生した「九州南西海域工作船事件」では、同日深夜に海上保安庁の巡視船が工作船に強行接舷を試みた。これに対して工作船の乗組員が巡視船に対して銃撃を加えたため、すぐに巡視船が工作船から離れたことで、日本側の損害は負傷者三人にとどめることができた。

筆者はこの時は市ヶ谷の資料隊で勤務していたのだが、工作船に強行接弦すると聞いたとき、やはり報告書を書いておくべきだったと後悔した。筆者は韓国へ侵入する工作船がどのような武器を搭載しているのか、韓国政府が公表した資料を読んでいたので、これを報告書にまとめようと思っていたからだ。

能登半島沖の事件で、海上保安庁の巡視船と海自の護衛艦が威嚇射撃したうえ、海自のP－3Cが対潜爆弾を投下していたため、次は韓国へ侵入する工作船と同じ武装をしてくるのは間違いなかった。

工作船が携帯式の対空ミサイルを搭載している可能性が高いにもかかわらず、海上保安庁の航空機が工作船の近くを飛行していたのには驚いた。対空ミサイル搭載の可能性について、現場の航空機や巡視船へ伝達されていなかったのだろうか。実際に引き揚げられた船体内部からSA－16携帯式対空ミサイルが発見されている。

この事件では、日本政府は事件発生当日深夜、海上警備行動の発令を想定し、海自特別警備隊（SGT）に出動待機するよう命じていた。一方、海上保安庁は特殊警備隊（SST）が巡視船「はやと」船内で準備を行なっていた。

しかし、命令が下達される前に不審船が自爆して沈没したため、ＳＧＴとＳＳＴの出動は見送られたのだが、もし出動していたらどうなっていただろうか。様々な武器を搭載した工作船の、特殊部隊と同等に訓練された乗組員を、日本側が犠牲者を出すことなく制圧するのは無理だろう。工作船の対処に慣れている韓国軍でもそんな無謀なことは行なわない。

工作船からの巡視船への攻撃が小銃の銃撃で済んだのは不幸中の幸いであった。工作船へ移乗していたら全員が殺害されていただろう。殺害されなくても海上自衛官や海上保安官が人質となる危険もあった。

つくづく日本は運がいい国だと思う。死亡者がひとりでも出ていたら、その後の対応は大きく変わっていただろう。

東シナ海を経由して日本及び韓国へ侵入する北朝鮮の工作船は、上海の揚子江河口にある横沙島沖で補給船から燃料と食糧の補給を受ける。これは、エンジンが三基搭載されているため燃料消費量が多いうえ、米軍と韓国軍の監視を避けるために中国沿岸に沿って東シナ海を大きく迂回する必要があるためだ。

九州南西海域工作船事件で沈没した工作船も、横沙島沖で北朝鮮の中型貨物船タイプの工作船から補給を受けていたことが偵察衛星で確認されている。また、一九九七年一〇月に韓国で逮捕された「夫婦スパイ事件」及び一九九五年一〇月に韓国で逮捕された「扶余スパイ事件」の工作員も、韓国へ侵入する際に横沙島沖で中国漁船に偽装した補給船から補給を受けた後、韓国へ侵

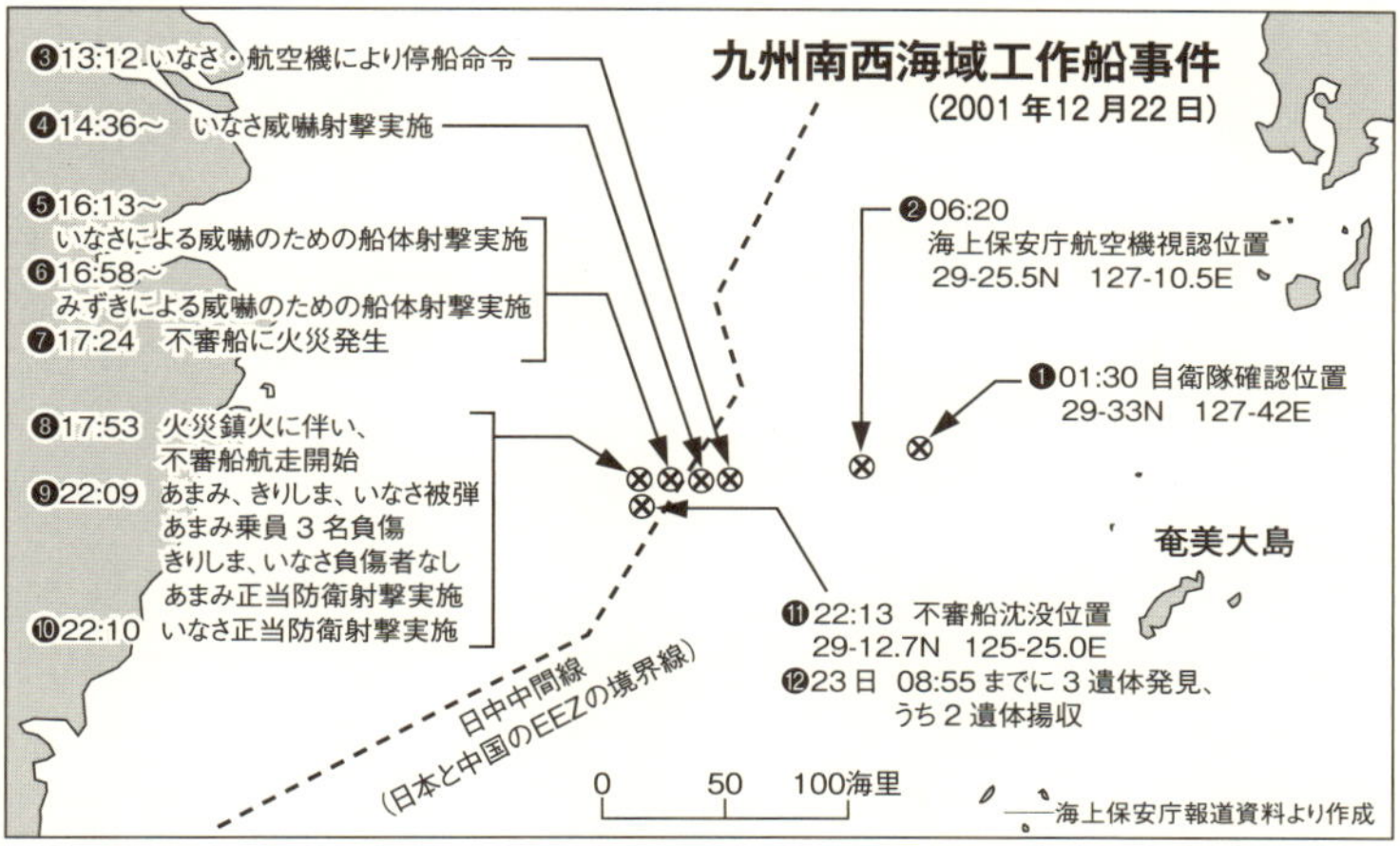

海上自衛隊特別警備隊（SGT）の訓練。不審船役の支援船にヘリコプターから移乗している〔産経新聞社〕

海上保安庁特殊警備隊（SST）による高速ボートを使用した不審船制圧訓練〔産経新聞社〕

入したことが明らかになっている。
東シナ海で沈没した工作船「長漁３７０５」の船尾に記された母港名「石浦」は、中国浙江省の漁港・石浦港と思われる。石浦港は横沙島から南に二〇〇キロ弱であり、事件の際、工作船が逃走した方向に位置していた。

工作船事件の影響で、筆者のもとには空自のレーダーサイトで受信した「不審な交話」が次々と送られてくるようになった。そのたびに翻訳しなければならなかったので仕事が一気に増えてしまった。

ほとんどが韓国漁船の無線だったのだが、この種の翻訳はニュースを聞き取るのとは全く違うので大変だった。そもそも日本語でも漁船同士の交話内容を聞き取るのは難しい。漁船に乗った経験があるのなら別だが、漁師独特の話し方や「業界用語」で話されると全くわからない。「不審な交話」だけでなく北朝鮮の漁船や貨物船の写真まで送られてくるようになり、それが工作船なのかどうか鑑定することになった。漁船型の工作船なら子船や半潜水艇を出すために船の後部が観音扉になっている。揚陸艦のウェルドックのような構造なのだが、この点だけを見分ければいいので、この仕事は楽だった。

このほかにも日本海側の海岸に漂着した物のハングル文字の解読などもあったが、結局、しばらくして何もなかったかのように依頼がなくなったので個人的には助かった。しかし、このような情報の収集は継続しなければ意味がない。警察や海上保安庁が担当している業務なので自衛隊が継続する必要はないのだが、何か起きるとそれに集中するのだが、しばらくしたら忘れてしまう（フェードアウトする）自衛隊の悪い癖が出たような気がした。

日本に工作員は侵入しているのか？

これまで、朝鮮労働党に所属する工作員が工作船で日本へ侵入し、検挙された事例は多数ある。これまで明るみに出た対日工作事案は、公開情報により判明しているものだけでも、スパイ事件は約五〇件、工作船等による侵入事件は約一二〇件にのぼる。

多くの侵入事件で工作員の氏名まで明らかになっているため、党の情報機関の対日工作の実態については、ある程度解明されていたのだと思う。

現在、日本国内で実際に活動している工作員の数は不明である。一九九〇年代は工作員が本国との交信に使用していたとみられる通信系統が三〇〇～四〇〇系統存在していたことから、日本で活動している工作員は、日本国内でリクルートした協力者まで含めると数百人規模にのぼっていたとみられる。しかし、ひとりの工作員が複数のコールサインを持っている可能性もあり、通信系統の数と工作員の数は一致しない。

過去のスパイ事件をみても、人民軍偵察総局の日本における活動の実態は明らかになっていない。これは、偵察総局要員が検挙された事例が少ないことが大きな理由で、偵察総局要員が現在も日本へ潜入しているかどうかも定かではない。

これまでに公になった偵察局（当時）の活動を見ても、一九八三年のラングーン爆弾テロ事件、二〇一七年の金正男暗殺事件を除き、すべて韓国を対象にしたものである。このため公開情報で調べた限りでは、現在の偵察総局の日本における活動の実態はほとんど不明といってよい。

日本のメディアでは最近、北朝鮮事情に精通しているとされる人物が「日本には数千人の北朝鮮の工作員がいる」と発言しているが、数字の根拠が全く示されていないので疑問がある。北朝鮮の話はこのような憶測が通用してしまうから困る。

警視庁公安部にいる知人から「日本国内に北朝鮮の工作員は何人いると思うか」と聞かれたことがあるが、根拠となる数字がないので「分からない」と返答した。もちろん筆者の意見は「参考」として聞かれたのであり、公安部はある程度把握していると思う。

日本に潜伏している工作員の数は不明だが、偵察総局内に日本における情報収集を任務とする組織が存在していること、工作員派遣基地に日本語が堪能な者が配置されていること、軽歩兵教導指導局隷下の特殊部隊の任務に、三沢、横田、沖縄などの在日米軍基地に対する襲撃が含まれていることから、平時においても日本へ何らかの形で潜入し、有事における作戦に備えた情報収集を行なっている可能性はある。

また、江陵潜水艦座礁事件の唯一の生き残りである李光洙《イグアンス》氏の、当時の偵察局が日本の原発の警備体制などを調査していることを示唆した証言も、偵察総局が何らかの形で日本で活動していることを裏付けている。

偵察総局は、北朝鮮軍の中でも最も高い水準の訓練を受けた最精鋭部隊である。万一、江陵潜水艦座礁事件のような事態が日本で発生したらどうなるだろうか。日本への侵攻の意図はないとはいえ、対戦車ロケット、手榴弾、小銃などの武器とともに、高度に訓練された数十人の特殊部隊員が上陸するのである（江陵潜水艦座礁事件では二六人が上陸した）。こうした事態が発生した場合に、果たして日本は、韓国のように迅速に対応できるだろうか。

余談だが、東シナ海で引き揚げられた工作船の中から、自衛隊へ納入されているのと同じ「とりめし」と「赤飯」の缶詰が発見された。自衛隊の「缶メシ」は通常ＯＤ色に塗られているが、筆者が若かった頃はＯＤ色ではなく市販のままの缶メシがたまに出ていた。

北朝鮮の工作船に、果たしてどのような経緯で積み込まれることになったのか分からないが、反日教育が行なわれている北朝鮮でも「敵国日本」の缶詰の評判は良かったのかもしれない。

食事の質は士気に大きく影響するので、たとえ「敵国」のものであろうが使わざるを得なかったのだろう。北朝鮮では高品質な缶詰（缶メシ）が作れないのかもしれない。国の上層部が何と言おうが、おいしい物はおいしいのだ。筆者が入隊した頃は「赤飯」ばかりだったので、初めて「とりめし」が出た時は感激した。

海自「護衛艦付き立入検査隊」に通訳として参加

筆者は航空自衛官でありながら、海自の「護衛艦付き立入検査隊」のメンバーとして、実際に数隻の護衛艦を動かしての訓練に参加したことがある。筆者が参加することになったのは、立入検査で使えるレベルの朝鮮語の通訳が海自で二人しか確保できなかったためだ。

実際に出動することになった場合に、立入検査隊のメンバーとして参加することを意味する「立入検査等に係る要員候補者に指定する」と書かれた「航空総隊個別命令」はいまでも持っている（もちろん無効だが）。

「護衛艦付き立入検査隊」は、一九九九年に成立した「周辺事態法」を受けて、翌年制定された周辺事態に際して実施する立入検査活動に関する法律に基づいて編成されたもので、対象となる船舶の国籍が特定されているわけではない。しかし、北朝鮮の船舶を対象としていることは明らかで、筆者が参加する立入検査隊の対象となるのは北朝鮮の「不審船」である。

通訳の派遣については、最初は海上幕僚監部の要請を航空幕僚監部は断ったようだった。しかし、法律が制定されてしまったので渋々受け入れたようだったのだが、今度は筆者の組織のトップが反対した。「不審船」が日本へ接近するような事態となれば、「海自だけでなく空自も忙しくなるので、自前でなんとかしろ」というのが、その理由だったようだ。しかし、最終的に空幕の担当者がやってきて説明した結果、筆者が参加することになった。

立入検査隊のメンバーは身体能力の高さだけでなく、独身ということが条件となっていた。隊長が二等海尉、あとのメンバーは若い三等海曹か二等海曹だった。生還するより死亡する可能性のほうが高いため独身の隊員が選抜されるわけなのだが、筆者は妻子持ちの二等空曹であるうえ、いちばん年長者だったので微妙な立場だった。

立入検査の手順は、一部の隊員が米海軍や米沿岸警備隊で研修を受けてはいたのだが、当時はほとんど手探りの状態で、しっかりとした手順が確立されておらず、やってみなければ分からないという状態だった。そのような状態だったので、訓練とはいうものの、ともかくシナリオ通りに実際に動けるのかどうかを検証するというものだった。

現在はボディーアーマーなどの各種装備が充実しているが、当時はあり合わせの装備だった。ひとまず、海自を意味する「ＪＭＳＤＦ」と書かれた黒いつなぎの服と帽子、そして、当時としては画期的な「防弾救命胴衣」を着用することになった。これは、銃弾の貫通も防ぐが水にも浮くというものなのだが、あまりにも重いので本当に浮くのか不安だった。

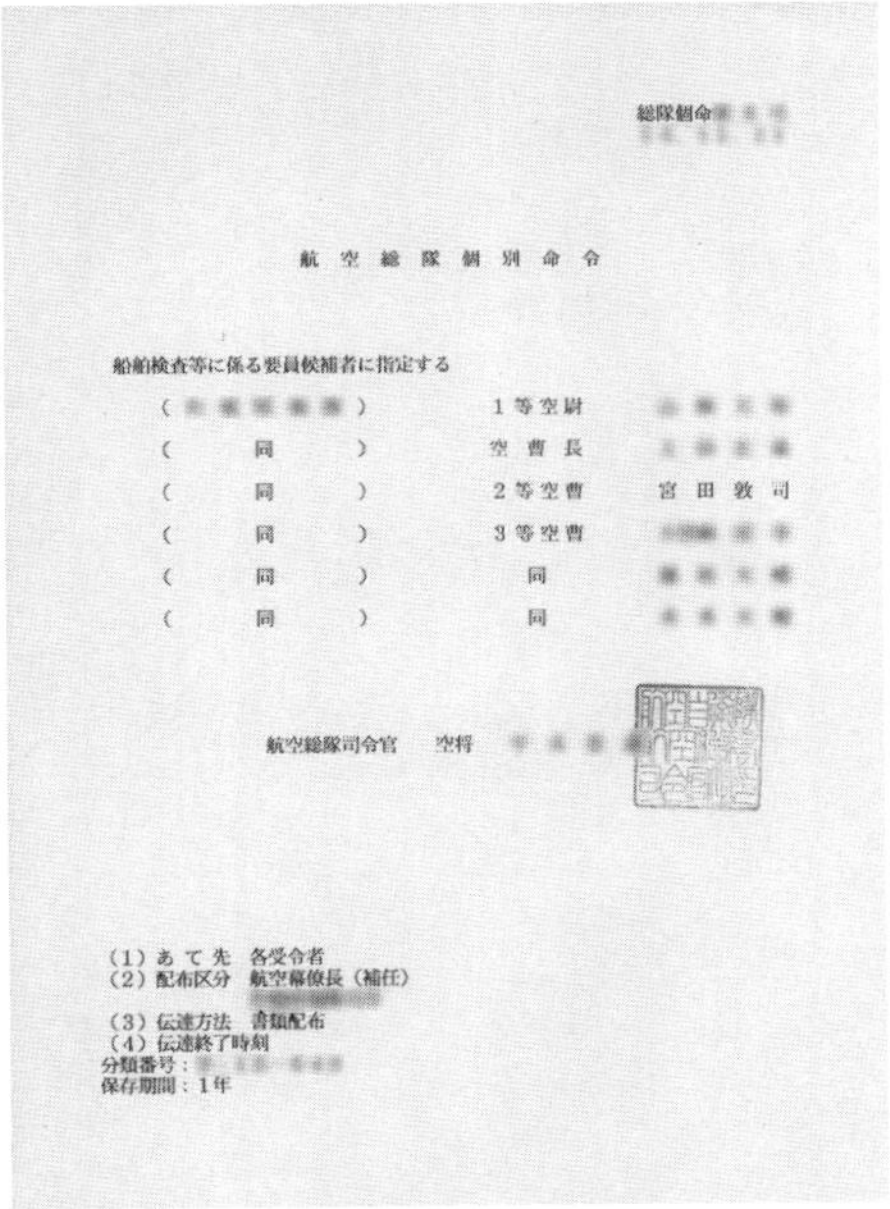
総隊個命

航空総隊個別命令

船舶検査等に係る要員候補者に指定する

（ ）	1等空尉	
（ 同 ）	空曹長	
（ 同 ）	2等空曹	宮田敦司
（ 同 ）	3等空曹	
（ 同 ）	同	
（ 同 ）	同	

航空総隊司令官　空将

(1) あて先　各受令者
(2) 配布区分　航空幕僚長（補任）
(3) 伝達方法　書類配布
(4) 伝達終了時刻
分類番号：
保存期間：1年

著者を海自の護衛艦付き立入検査隊要員候補者として発令された「航空総隊個別命令」

このほか、陸上での訓練では九ミリ拳銃を装着していたのだが、筆者が下手だったのか拳銃を太ももに着けたまま走ると拳銃が踊ってしまう。だからといってベルトをきつく締めると、太ももが痛くなるというのが難点だった。いまは、ベルトなどがいろいろと工夫されているので、そのような事にはならないと思う。

一般公開された訓練を見ていると、現在は黒い高速ボート（特別機動船）も使用されるようだが、当時はどの護衛艦にも搭載されているグレーの内火艇で、速度が遅かったので「不審船」が「協力」してくれないかぎり逃げられる恐れがあった。

筆者が体験した訓練では、「不審船」（北朝鮮船役の護衛艦）を停船させるだけで一時間以上かかった。「不審船」が素直に停船するわけがないし、停船するより逃走される可能性のほうが高い。これを威嚇射撃することなく停船させるのだから至難の技といえる（場合によっては威嚇射撃するが、それでも簡単なことではない）。ともかく、無線で呼びかけて、日本側の言うことを聞いてもらう。

停船したら、ナイフなど武器になりそうなものは全て護衛艦から見える場所（甲板）に集積させるとともに、船長を除く乗組員を護衛艦から見える位置へ並ばせる。しかし、本当に全ての武器を手放したのか、本当に全員が並んでいるのか、それを確認する方法は全くない。「不審船」の乗組員を信じるしかないのだ。ともかく、筆者は通訳として最後まで護衛艦と「不審船」の交信を通訳し、それが終了したら艦尾で待機している内火艇に飛び乗り、出発した。

「不審船」へ接近する途中で銃撃を受けることもなく、無事「不審船」に接舷したら、縄梯子を登って甲板に出る（この時は訓練だったので、最初から縄梯子がかかっていた）。「不審船」が漁船程度のサイズならいいのだが、大きいサイズの船だった場合は、縄梯子など甲板へ登る手段が必要となる。

「護衛艦付き立入検査隊」のユニフォーム姿の著者（護衛艦「はまゆき」にて）

最初に甲板に出るのは九ミリ機関拳銃（サブマシンガン）を持った二人の隊員で、周囲の安全が確保できたら後続の隊員が甲板へ登る。この時、「周囲の安全が確保できなかった場合」はどうするのだろうか？

二人の隊員に九ミリ拳銃だけでなく、九ミリ機関拳銃を持たせている理由は、これを使用して安全を確保するためだ。つまり発砲して安全を確保するのだが、この時点で「警察官職務執行法」に抵触する可能性がある。「不審船」の乗組員は、武装した日本の海軍が乗り込んできたと思うだろうが、立入検査隊には「警察官」としての権限しか与えられていない。

事前に護衛艦から無線で指示して武器を集積させているにもかかわらず、いざ甲板に上がってみたら、「不審船」の乗組員が銃を持っていたわけだ。この時点で銃撃戦も予想されるのだが、ともかく（どのような手順で乗組員から武器を取り上げるのか不明だが）乗組員を「無力化」する。だが、多数の乗組員に発砲された場合は九ミリ拳銃だけでは対応できないため、「座して死を待つ」ことになる。九ミリ拳銃には九発（九ミリ機関拳銃は二五発）しか弾が入らないため、かなり多くの予備弾倉を持っていなければ応戦するのは難しい。

ともかく無事、操舵室（船橋）へ到着したら操舵室内の乗組員のボディーチェックを行なう。しかし、その他の場所にいる乗組員のボディーチェックを誰がどのように行なうのかは分からない。立入検査隊のメンバーは決して多いという人数ではないからだ。

操舵室での筆者の仕事は、乗組員のボディーチェックと聞き取り調査の通訳、積み荷に関する書類や日誌類をチェックすることだった。通訳しながら朝鮮語の書類を全て読み、不審な記載の有無を確認するのは至難の業だ。

隠したい積み荷に関する書類は巧妙に細工されているだろうから、簡単には見つからない。書類だけでなく、聞き取り調査の会話のなかでの不審点や矛盾点も見つけなければならない。通訳しながら乗組員の表情や口調の変化も観察する必要がある。

そのうえ、積み荷を調べているメンバーから、ハングル文字が表記されている「不審物」が見つかったという無線連絡が入った場合は、その場所へ急行し、それが何なのか確認しなければならない。

このように通訳は高度な能力が必要とされるのだが一人だけしか配置されない。現在は朝鮮語を理解できる隊員は増えているかもしれないが、現場では辞書など使えないので専門用語も含めて豊富な知識が必要となる。

いろいろと現実的ではない点はあるのだが、ともかくシナリオどおりに動いてみた。その後、問題点をどのように解消したのかは分からないが、通訳レベルの朝鮮語ができる隊員が一人や二人では足りないということは間違いない。

立入検査での通訳は、会議室で行なわれる紳士的な通訳とは全く別物である。怒号のような会話を極度の緊張状態のなかで通訳することになるからだ。それだけの語学力があれは、自衛隊を退職したとしても通訳として食っていけるだろう。

陸上自衛隊最強の「特殊作戦群」にも朝鮮語（厳密には韓国の標準語）を習得した隊員がいるわけだが、彼らも前線で北朝鮮兵の怒号のような朝鮮語を聞き取り、返答しなければならない。捕虜を尋問する場合には、北朝鮮の訛りも理解できる語学力を有している必要がある。

筆者のように日頃から業務として朝鮮語の翻訳をしていても、緊張した現場での通訳は難しい。筆者は尋問の訓練に参加したことがあるが、こちらが聞きたいことを聞き出すことは難しかった。相手が特殊部隊員となるとなおさらだろう。偵察総局所属の特殊部隊の将校は日本語を話せるとされているが、そのレベルは低いので、あまりアテにしないほうがいい。

語学課程を卒業しても、毎日、聞き取りのトレーニングを行なっておかないと、技量を維持することも向上することもできない。筆者の知人の同時通訳者は、家の中ではずっと朝鮮語のＣＤなどを流して耳を慣らしている。こうしないと朝鮮語がしっかり聞き取れないのだという。

明瞭で丁寧な朝鮮語で話す「朝鮮中央放送」のアナウンサーの言葉ですら、完全に聞き取れるようになるには、語学課程を卒業してから、さらに長期にわたる独学が必要となる。これを日々のハードな訓練をこなしながら行なわなければならない。

筆者の場合、事前に通訳する内容がある程度分かっているのなら、その分野の下調べをしておけば同時通訳も可能だった。しかし、想定外の内容の会話となるとかなり難しい。立入検査レベルの通訳ができるようになるまで、韓国の新聞や軍事関係の論文が辞書なしで読めるようになってから、さらに数年かかったように記憶している。

特別警備隊――最後は自衛官の命で帳尻合わせ？

二〇〇一年三月に海自に「特別警備隊」が発足した。この部隊は海上警備行動時における不審船の武装解除及び無力化を主任務としている。「不審船」に対処する場合は、停船後、「無力化・武装解除」を担当し、その後、「護衛艦付き立入検査隊」による立入検査が行なわれる手順になっており、「不審船」にはヘリコプターや高速ボートにより移乗するとされている。

しかし、「特別警備隊」の手順には謎がある。北朝鮮の「不審船」は武器を搭載している可能性が高いのだが、このような危険な船への移乗方法である。

北朝鮮船には「平時」でも小銃が搭載されていることがある。二〇一七年七月七日に水産庁の漁業取締船一隻が日本の排他的経済水域内を航行中、北朝鮮船籍の小型船に約一〇分間にわたり追尾され小銃の銃口を向けられている。

こうした現実を考慮すると、見た目が漁船であっても貨物船であってもヘリコプターやボートで接近した場合、小銃（場合によっては、対空ミサイルなど）で抵抗されることは十分に予想できる。

高速ボートから貨物船の甲板へ登る場合は縄梯子をかけるのだが、この方法も疑問だ。一般公開された訓練では最初から縄梯子がかけてあったのだが、実際の状況下では、縄梯子をかけるのはかなり難しいと思う。梯子をかけようとしている間に上から撃たれる可能性があるからだ。

無事に負傷者を出すこともなく、何らかの形で移乗に成功したとしても、「不審船」の乗組員を「無力化」することは容易ではない。そもそも、「無力化」とはどのような状態を指すのだろうか。

おそらく立入検査の場合は、相手を殺傷することなく自由に動けないようにすることを指すのだろう。しかし、乗組員が武器を持っていた場合はどう対処するのだろうか。相手が拳銃を持っているからといって、いきなり発砲するわけにはいかない。

筆者の体験は一五年以上前のものなので、現在は最悪の状況下での訓練も行なわれているだろう。特別警備隊の個々の隊員が高度な能力を持っていることは間違いない。一般に公開した動き（手順）は展示用であるためか現実とはかけ離れた動作となっているが、おそらく、公表していない手順があるのだろう。

北朝鮮船の乗組員は海軍出身者が多いので、立入検査の対象となる「不審船」に北朝鮮海軍の特殊部隊である「海上狙撃旅団」出身者がいることも想定しておく必要があろう。

筆者は、洋上での訓練の前に海自横須賀基地で「警察官職務執行法」について講習を受けた後、防御を主体とした意味不明な「専守防衛的な格闘技」を教えられた。とても「不審船」の乗組員を相手にできるものではないが、最後に「撃たれるまで撃つな」と教育された。

撃たれたら確実に自分は死んでいるわけだが、結局、最後は現場の隊員の判断となる。つまり、命令を受けて組織で行動しているにもかかわらず、隊員個人が武器使用についての責任を負うことになるのだ。

法律や政治の様々な矛盾を、最後は最前線の自衛官の命でもって帳尻を合わせるという手法は、適切な方法とはいえない。

自衛隊入隊時に、「事に臨んでは危険を顧みず、身をもつて責務の完遂に務め、もつて国民の負託にこたえることを誓います」と宣誓したとはいえ、帳尻合わせに命をささげることになる隊員は辛いだろう。

洋上での訓練が終了して市ヶ谷へ戻ってから、補給係が「認識票」を持ってきた（血液型の表示が違っていたので作り直してもらったが）。空自の場合「認識票」を着用する隊員は、基本的に航空機に搭乗する場合と海外へ派遣される場合なのだが、筆者の場合は北朝鮮船で死亡する可能性があるので支給されたのだった。

実際に出動となったら生還できる可能性はかなり低い。認識票は二枚あり、一枚は死亡した本人の口をこじ開けて残し、一枚は同僚が持ち帰ることで誰が死亡したのか分かるようにする。しかし、メンバー全員が死亡する可能性のほうが高いので、認識票を持ち帰ることは出来ないだろう。

筆者はもともと長距離を走るのが好きだったのだが、立入検査に備えて真夏でも皇居の周囲を走っていたので、いつのまにか昼休みに一〇キロ走ることが日課になっていた。北朝鮮に関しては、現在は弾道ミサイルや核開発が注目されているが、当時は工作船事件の後だったので、北朝鮮船舶への立入検査は現実的な問題だった。

今後、北朝鮮への経済制裁が強化され、仮に北朝鮮を海上封鎖するとなれば、周辺海域の船舶を検査することになる可能性があるので、「特別警備隊」も「護衛艦付き立入検査隊」も対北朝鮮に特化した訓練を積んでおく必要がある。相手が特殊部隊員の可能性があるので、自衛隊が二〇〇九年から行なっているソマリア沖での海賊に対処する活動とは、前提条件が違うからだ。

北朝鮮空軍機の接近

日本のメディアでは大きく取り上げられていなかったのだが、二〇〇九年と二〇一三年に日本海で重大な事象が発生していた。空自戦闘機が北朝鮮空軍機に対してスクランブルしたのだ。

初めてのスクランブルは、一九九九年に発生した「能登半島沖不審船事件」で北朝鮮空軍機が日本の防空識別圏（ADIZ）に接近したために対応したものだったのだが、二〇〇九年と二〇一三年は弾道ミサイルに関連したものだった。

北朝鮮は二〇〇九年四月五日に長距離弾道ミサイル「テポドン二号」を発射した。これに関連して、北朝鮮空軍は二〇〇九年四月一日までに、日本海側の咸鏡北道《ハムギョンプクド》舞水端里《ムスダンリ》のミサイル発射場付近の航空基地に、別の基地からMiG－23などの戦闘機を機動展開させ、二日に数機の戦闘機が日本海への飛行を活発化させた。

四月五日前後には北朝鮮空軍機が発進し、日本の防空識別圏に接近したため、空自戦闘機が計八回にわたりスクランブルした。空自機が発進したのは、築城（福岡県）、小松（石川県）、百里（茨城県）の三基地。北朝鮮機は空自のパイロットが目視できる距離までは接近していない。なお、統合幕僚監部（統幕）は北朝鮮空軍機が接近した日時や機数などの具体的な情報について、運用上の理由から公表していない。

二〇一三年は四～六月に計九回にわたりスクランブルしている。この期間にミサイル発射はなかったが、自衛隊に破壊措置命令が出ていた。この時も統幕は日時や機数など、具体的な情報は公表していない。

統幕が詳細を公表しないのは、E－2C早期警戒機を含む空自のレーダーで捕捉した情報ではないものが含まれていることを意味している。二〇〇九年に機種をMiG－23と特定できたのは、何らかの手段（おそらく韓国軍のレーダーなどの電波情報）で、母基地を離陸してから展開先の航空基地へ着陸するまでの一連の動きを捕捉していたからだろう。

北朝鮮空軍機は理論的には日本上空へ到達し、北朝鮮へ戻ることができる。二〇一三年以降は、日本海に設定されている日本のＡＤＩＺへの接近はないようだが、老朽化した航空機しか保有していないとはいえ、北朝鮮軍機への警戒も必要ということだ。

二〇年以上前の話だが、筆者は北朝鮮方面から飛来した国籍不明機が日本領空へ接近した場合に、当該機への警告に使用する朝鮮語の警告文を航空警戒管制団からの依頼で作成したことがある。国籍不明機が北朝鮮機であることを想定して、朝鮮語に翻訳したものを筆者の声で録音した。その当時は、北朝鮮の航空機に対してスクランブルすることなど考えられなかったのだが、現実に発生したわけだ。

2003年3月2日、米空軍の情報収集機RC - 135Sに異常接近する北朝鮮空軍のMiG－29戦闘機〔USAF〕

二〇〇三年三月二日、北朝鮮空軍のＭｉＧ－29戦闘機二機とＭｉＧ－23戦闘機二機が米空軍の情報収集機ＲＣ－

135S（この機体には弾道ミサイル発射時のデータを収集する機材が搭載されている）に接近した。このうち、MiG－29は米軍機に約一五～一二〇メートルの距離まで接近した。両軍機の異常接近は一九六九年、北朝鮮空軍戦闘機が同空域で米海軍情報収集機EC－121を撃墜（乗組員三一人全員死亡）以来である。

米海軍報道官によると、北朝鮮空軍機は一日午後八時四八分（日本時間二日午前一〇時四八分）ごろ、北朝鮮東岸約二四〇キロの日本海上空で異常接近。約二〇分間、米軍機を追尾した。また、四機のうち一機はミサイル攻撃前に使われるレーダー照射をした。

これについて韓国軍関係者は「訓練不足でも、北朝鮮が行なった挑発はMiG－29にとり可能な範囲」と指摘している。米韓両国軍は、この事件は偶発的なものではなく、米軍機の動向を把握し完全な計画に基づいたものと見ている。

この事件は、イラク戦争開戦前の金正日の動静報道が途絶した時期（二月一二日～四月三日）と重なっている。北朝鮮空軍機は北朝鮮東北部の漁郎《オラン》または順川《スンチョン》から発進したものと思われる。発進基地が漁郎だとすれば、米英軍のイラク攻撃が迫り金正日が平壌を離れ、中国との国境にある白頭山の特閣（別荘）あるいは地下指揮所に入ったと言われていることから、白頭山の近傍に位置する漁郎基地に北朝鮮空軍で最も高性能なMiG－29を金正日の護衛のために移動させていた可能性もある。漁郎基地はEC－121を撃墜したMiG－21戦闘機が発進した基地でもある。

第五章　日本を包囲した中国軍

東シナ海を影響下に置いた中国軍

現在の空自の情報組織では考えられないことかもしれないが、筆者は福岡では北朝鮮軍だけでなく中国軍の分析係も兼務していた。その頃の中国軍の日本周辺での動きは、現在とは比較にならないほど小さな規模だった。それが一九九〇年代末頃から急速に変化をはじめた。おそらく、現在の中国軍の分析は筆者の頃とは比較にならないほど難しくなっているだろう。

防衛省統合幕僚監部は二〇一七年四月一三日、二〇一六年度に日本領空に接近した軍用機などに航空自衛隊の戦闘機がスクランブルした回数が、前年度比二九五回増の一一六八回だったと発表した。一九五八年（昭和三三年）に領空侵犯への対応を開始して以来最多となった。中国機に対する発進が八五一回（同二八〇回増）で同様に過去最多を更新し、全体の回数を押し上げた。

スクランブルは、旧ソ連機への対応が中心だった一九八四年度（昭和五九年度）に九四四回を記録していたが、冷戦終結と共に減少し、二〇〇四年度は一四一回にまで減っていた。

スクランブルが増加したのは、中国軍機の沖縄県周辺の東シナ海、西太平洋における飛行が常態化したことがある。爆撃機だけでなく戦闘機が東シナ海から西太平洋を長距離飛行することも珍しくなくなった。

二〇一六年にはＳｕ－30戦闘機など軍用機六機が沖縄本島と宮古島の間の海峡（本書ではこの海峡を「宮古海峡」と表記）上空を通過。二〇一七年に入ってからは、Ｓｕ－30戦闘機、Ｈ－６爆撃機、Ｔｕ－１５４情報収集機が九州の対馬海峡上空を通過して日本海を飛行するなど、過去にはない活発かつ特異な動きを続けている。

最初に日本列島に接近した中国の軍用機は、おそらく海軍所属のＹ－８輸送機の改修型であろう。Ｙ－８は中国の山東半島方面から東シナ海を南下し、沖縄本島西方沖で上海方面へ針路を変えるというパターンで飛来していた。いまではＹ－８の派生型（情報収集機や早期警戒機など）が多数、日本周辺を飛行している。

しかし一九九〇年代のＹ－８は、現在飛来しているタイプのような情報収集用のアンテナがなかったため、正確な飛行目的は謎だった。筆者は個人的には、Ｙ－８の飛行ルートと水深との関係を海図で照合した結果から、Ｙ－８の飛行ルートは沖縄トラフを強く意識して設定されていたのではないかと考えている。当時は中国が沖縄トラフまでが自国の領海であると主張していたからだ。その「既成事実づくり」の一環としてＹ－８を飛行させていたのだと思う。

中国は東シナ海での海洋調査を一九六〇年代に開始した。調査の目的は、海底の地形、水温、海流、塩分濃度などのデータ収集といった潜水艦の運用に必要な調査と、海底資源調査の二種類がある。

日中両国が二〇〇一年に合意した取り決めでは、中国が日本の排他的経済水域（ＥＥＺ）で海洋調査を実施する場合、実施日の二ヵ月前までに調査する海域や時期などを日本側に通報することになっている。中国側が取り決めに反して調査を実施した場合は、海上保安庁の巡視船が調査の中止を求めているのだが、取り決めに反して実施された調査活動が二〇回を超える年もあった。

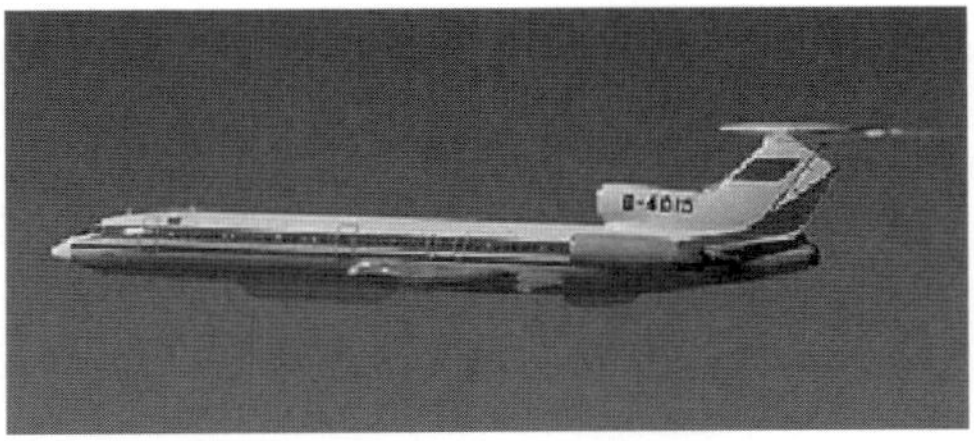

中国軍のTu－154情報収集機〔統合幕僚監部〕

中国軍のY－8早期警戒機〔統合幕僚監部〕

一九九〇年代に筆者が接していた中国艦船に関する情報は海洋調査船の動向も多かったので、筆者は中国の海洋調査船の目的について平松茂雄氏の本を読んで勉強していた。平松氏は防衛庁防衛研究所で中国の海洋戦略を研究しておられた。一九九〇年代に中国海軍の太平洋への進出を客観的な根拠を示して予測していたのは平松氏だけだった。

中国の長年にわたる海洋調査の成果を示すものとして、二〇〇四年一一月一〇日に発生した「漢型原子力潜水艦領海侵犯事件」がある。この事件では、中国は米海軍及び海自による追尾をかわすために巧みな操艦術を見せた。これは、中国海軍が東シナ海の浅海域の詳細な海洋データを蓄積していることを意味するものだった。

中国は東シナ海だけでなく太平洋でも海洋調査を行なっている。二〇一三年七月には日本最南端の沖ノ鳥島周辺のＥＥＺで、中国科学院所属の海洋調査船の航行が確認された。二〇一三年の段階でこの海域まで調査が進んでいることから、西太平洋の調査もひととおり終了しているだろう。つまり、中国の潜水艦は西太平洋の広い海域で作戦が可能になっているわけだ。

「漢型原子力潜水艦領海侵犯事件」については、国際法違反にもかかわらずその詳細な原因は明らかにされていない。この事件では、日本政府は海自創設以来二度目となる「海上警備行動」を発令した。

平松氏の分析手法は興味深かった。平松氏によると、中国の公開情報、とくに中国共産党中央委員会機関紙「人民日報」と中国共産党中央軍事委員会機関紙「解放軍報」を丁寧に読めば、だいたいのことは分かるということだった。

実際に防衛研究所で勤務したことのある方に、平松氏がどのように研究しているのか聞いてみたところ、「中国の新聞と雑誌を片っ端から読んでいた」ということだった。そこで筆者は中国語の勉強を兼ねて、平松氏の真似をして「解放軍報」を個人的に定期購読してみた。「解放軍報」は東京の中国書籍専門の書店に頼めば誰でも講読可能だった。ただ、購読料が一年で一二万円ほどと高かったことを記憶している（現在は約一四万円）。

しかし、当時は現在のようにインターネットで中国の軍事関係の記事や写真を見ることがほとんど出来なかったので、記事の内容がわからなくても掲載されている写真だけでも興味深かった。

ある日（正確な時期は忘れてしまったが）、兵舎にクーラーが設置されたという記事を目にした。この記事には部隊の所在地や名称などは書かれていなかったが、当時の状況から西沙諸島（パラセル諸島）の永興島（ウッディー島）の部隊を指しているのだなと感じた。掲載された写真を見るかぎり士官の部屋ではなく下士官の部屋のようだった。この記事は永興島が恒久的に中国軍の重要な拠点になることを意味するもので、実際に後々になって施設の拡張が行なわれた。

おそらく、重要な記事はもっとあったと思うのだが、朝鮮語の仕事に忙殺されてしまい、残念ながら中国語の勉強も「解放軍報」の購読もやめることになってしまった。

拠点となる海洋プラットフォーム

中国は東シナ海で石油・天然ガスの採掘を行なうために、日中中間線付近に一六基の海洋プラットフォームを建設した。日本政府は建設の中止を要求してきたが、それを無視して海洋プラットフォームは次々と建設された。

筆者がチェックしていた情報のなかには、移動式の石油掘削リグなど、東シナ海の石油開発に関連する船舶の情報も含まれていた。東シナ海の中国の海洋プラットフォームの動向は、海自のＰ－３Ｃ対潜哨戒機が監視しているのだが、「平湖油ガス田」の海洋プラットフォームの建設の速さには驚いた。

中国は東シナ海で一九八〇年代から石油の試掘を本格的に開始し、二〇回以上の試掘を繰り返した結果、日中中間線ギリギリの中国側海域に位置する「平湖油ガス田」が有望視された。一九九七年に海洋プラットフォームが完成。一九九九年から天然ガスの生産が開始されている。

平湖油ガス田の施設は、採掘・処理などの主要施設は中国製ではなく（居住施設は中国製）、韓国の現代重工業が蔚山《ウルサン》の工場で製造し、現場に輸送して据え付けた。作業は大型バージ四隻、バージ・タグ四隻、物資供給船二隻、九〇〇〇トンの自航式・起重機船によって行なわれ、現場での巨大な施設の組み立てはわずか一週間で終了した。

東シナ海における資源開発が問題化したのは、二〇〇三年八月、白樺（春暁）油ガス田の生産プラットフォーム建設工事に着手した時だった。その位置関係が日中中間線からわずか五キロほど中国寄りというきわどさから、日中両国対立の引き金となった。

日本は中国に対抗するため、二〇〇五年に当時の経済産業相が日中中間線の日本側海域に鉱業権を申請していた石油会社に試掘権を付与した。しかし、後任の経産相がストップをかけたままになっているため、中国は開発を続行した。

中国の一方的な姿勢には問題があり、日本は外交ルートで中国へ抗議しているが、親中派議員による過剰な「配慮」が妨害しているようだ。親中派議員が存在するかぎり、中国がこの海域における資源開発を中止することはないだろう。

日本政府は中国が開発した油田に日本名を命名している。具体的には、春暁（日本名：白樺）、断橋（日本名：楠）、天外天（日本名：樫）、冷泉（日本名：桔梗）、龍井（日本名：翌檜）などである。

日本と共同開発したわけでもないのに日本名を付けるのは、いくら日中中間線付近に位置するといっても滑稽だとは思わないのだろうか。親中派ではない筆者でも違和感を感じる。日本政府は日本名をつけるだけでなく具体的な行動を起こすべきではないだろうか。

東シナ海に中国が設置した天外天（日本名・楠）油ガス田プラットフォーム〔産経新聞社〕

こうした過剰な「配慮」は、軍事の分野にも及んでいる。このため中国軍は、日本列島周辺を自由に行動し、着々と能力を向上し、自国の国家戦略（海洋戦略）を結実させようとしている。

海洋プラットフォームには既にヘリポートがあるが、将来的に対空・水上レーダーを設置するなど、事実上の軍事拠点となる可能性もあるのだが、既成事実が出来上がってしまっているので、日本は外交ルートによる「お決まり」の抗議しかできない。日本海の竹島（韓国名：独島）と同じような事が東シナ海でも起きているのだ。

洋上に防空識別圏を設定

現在は存在そのものが曖昧になっているが、二〇一三年一一月二三日、中国国防部（国防省）は「東海防空識別区」を設定し、当該空域を飛行する航空機は中国国防部の定める規則に従わなくてはならない旨を発表した。

これは、日本でいう防空識別圏（ＡＤＩＺ）に相当するもので、中国はこの空域を飛行する航空機は事前に中国側へ通告すること、双方向の無線通信を維持すること、機体に国籍を明示することを求めた。問題は、沖縄県の尖閣諸島を含む東シナ海上空の広い範囲に及び、識別に協力しなかったり、指示に従わない航空機には「防御的な緊急措置」を取るとしていたことだった。

ＡＤＩＺとは各国が領空の外側に設ける「緩衝帯」であり、その空域を飛行する場合は事前にフライトプランを当該国に提出しなければならない。それがない航空機が飛行した場合は国籍不明機と見なされ、アラート待機している戦闘機がスクランブルし、国籍、機種などを確認、写真撮影を行なう。

ＡＤＩＺを設定することそのものには何の問題もない。韓国のＡＤＩＺなどは平壌上空まで含まれている。中国のＡＤＩＺについては、これまで設定されていなかったのが不思議なくらいだ。ＡＤＩＺ設定前は中国のスクランブルは何を基準にしていたのだろうか。

米国は中国の「防空識別区」設定直後（二〇一三年一一月二六日）に、中国へ事前通告せずにB－52戦略爆撃機二機を飛行させたが、中国側からの警告や航空機のスクランブルはなかった。しかし、中国空軍は二九日に「防空識別区」へ米軍機や自衛隊機が進入したため、中国軍機がスクランブルしたと発表した。中国空軍報道官は、中国軍のＳｕ－30（蘇30）やＪ－11（殲11）などの戦闘機が自衛隊機と米軍機を「識別し、確認した」と述べた。また、「米軍偵察機二機と自衛隊機一〇機の進入が確認された」とし、「空軍は日米機の全航程を識別したうえで機種も特定した」と発表している。

中国では洋上の防空は海軍機、陸上の防空は空軍機と任務を分担しており、米軍機が中国領空に接近すると海軍機が発進して監視（日本でいう対領空侵犯措置）を行なっていた。

海軍機ではなく空軍機が洋上に進出したということは、ＡＤＩＺを単なる緩衝帯ではなく「中国領」と位置付けていることを示唆している。つまり、沖縄トラフまでの大陸棚は「中国領」だと強調しているのだ。フライトプランの提出云々の問題ではない。現在では、空軍機が西太平洋などの洋上を飛行することは珍しくなくなったが、空軍機が明確に洋上へ進出したことが確認されたのは、この時が初めてだった。

中国はすでに東シナ海の日中中間線付近でガス・石油を採掘し海上権益を確保、海軍の強化で東シナ海を自国の海とし、今度は東シナ海の空を影響下に置こうとしている。日中中間線を超えたＡＤＩＺ設定はその布石だろう。実にしたたかな戦略といえる。

中国の東シナ海以外の空域（黄海と南シナ海）と同様に、北朝鮮にも防空識別圏がないが、強いて言えば「軍事境界線区域」が防空識別圏に相当するのかもしれない。

同区域は、北朝鮮が一九七七年八月一日に朝鮮人民軍最高司令部の軍事境界線令で規定したもので、日本海の場合、領海を基準に五〇海里（九二・六キロ）以内の水上・水中・空中へ、許可なく外国の軍艦・軍用機が入ることを禁じている。なお、米国と韓国は宣言の三日後にこの境界線令を拒否しているので、「軍事境界線区域」は実在しないことになっている。

筆者が二〇代だった頃の空自は、中国軍機が日本領空へ接近する時は、ある程度事前に予測できていたので、防空指令所（DC）から事前に空自のレーダーサイトに監視の強化が指示されていた。

中国軍機（形式上は国籍不明機）の速度、高度、方位がはっきりしていれば、何時頃に日本領空へ接近するのか、過去の飛行パターンと速度をもとに計算すればわかる。おおよその発進基地と正確な速度がわかれば機種も推測できた。

いまは事情が違っているようだが、二〇年以上前はアラート待機（対領空侵犯措置のための待機）している戦闘機のスクランブルが必要になるかどうかが事前にわかっていたことが多かったので、防衛省が制作しているPR用の動画のような、突然、スクランブルが指令されるようなことはなかった。つまり、完全に不意を突かれるような「ホットスクランブル」はなかったのだ。

もし、そのようなスクランブルがあったら、情報部隊と警戒管制部隊は何をやっていたのか？ということになる。アラート待機している航空団に、防空指令所からどのタイミングで事前に情報が伝達されていたのかは筆者には分からないが、パイロットが戦闘機に搭乗して待機する「コックピットスタンバイ」が指示されていたケースもあったので、余裕をもってスクランブルの準備ができていたと思う。

近年は中国軍機に対する空自のスクランブルの急増ぶりがニュースになる。しかし、前述したように、東シナ海を飛行する中国軍機に対するスクランブルは、約二〇年前から行なわれている。

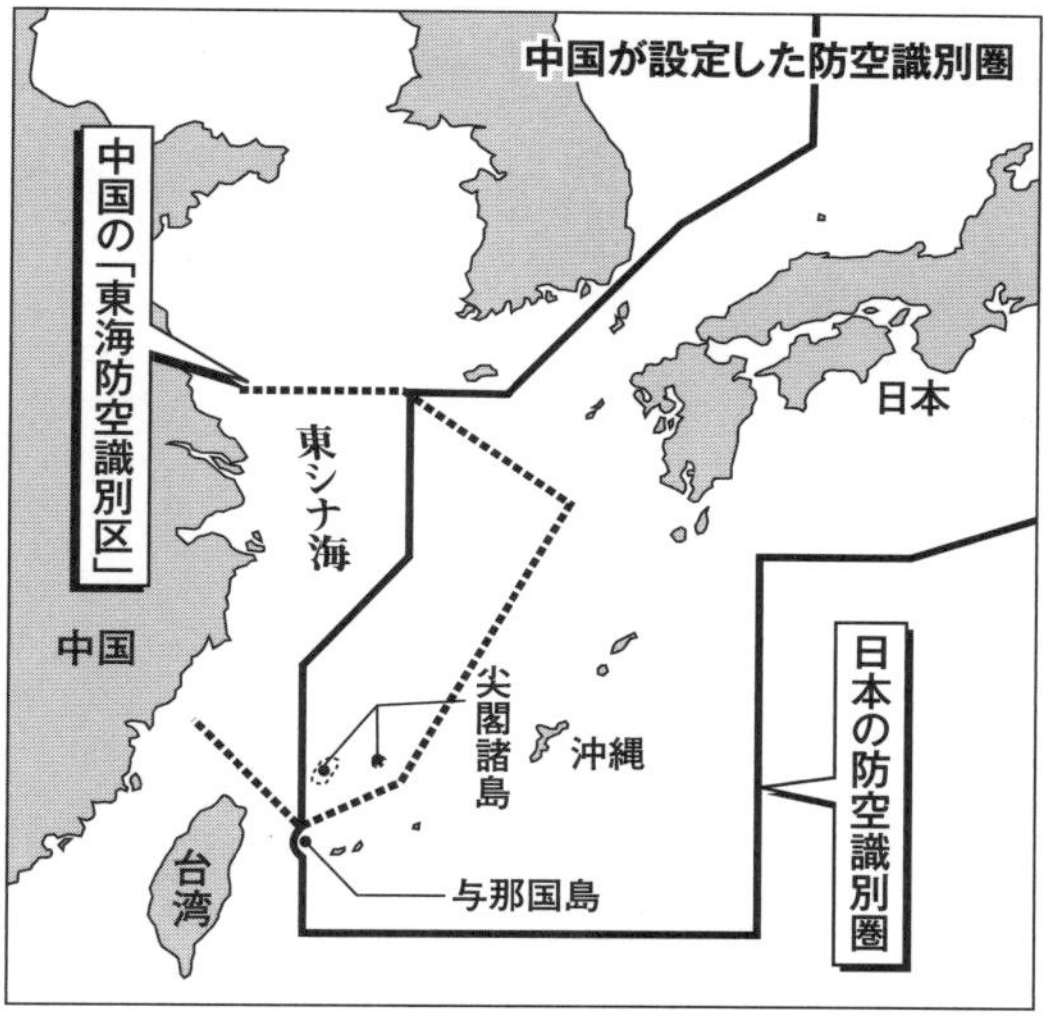

Y－8の場合は一九九〇年代から九州西方の東シナ海を飛行しており、空自は一九九七年度に延べ一五機のY－8に対してスクランブルしている。

Y－8はもともと輸送機なのだが、早期警戒機などに改修されたタイプもある。米国の防衛問題専門紙「ディフェンス・ニュース」（一九九六年八月五日付）が、中国が人民解放軍の海軍と空軍用に、英国とイスラエルの両方から空中早期警戒システムをひそかに購入する計画を進めていると報道した。

この報道によると、中国は英国のラスカル・エレクトロニクス社から早期警戒装置「サーチウォーター」を六基から八基、約六六億円で購入する契約をすでに結んだということだった。

実際にY－8の機首下部のレドームの形状が大きく変わったので「サーチウォーター」に換装されたのだろう。近年は機首のレドームにイギリス・タレス社から輸入した「スカイマスター」空中捜索レーダーを搭載している機体も飛来している。

筆者は分析担当者として、スクランブルした空自戦闘機が撮影したY－8の写真を詳細に観察していた。レーダーの換装は前述した報道があったので解決したのだが、最後まで疑問だったのは、機体後部のカーゴ扉にある二つ突起部だった。結局、これは分からずじまいだった。

ところで、この種の写真にはパイロットのセンスが光る場合がある。スクランブルした際にパイロットが撮影した対象機（中国機やロシア機）の機体にあるアンテナなどがよく見えるような「いい写真」を撮ってきてくれた時は嬉しかった。Y－8の場合は謎の突起部が鮮明に映っている写真である。

もちろん、天候や時間の問題などで「いい写真」が撮れない場合もある。極度な緊張状態のなかでの撮影となるので、失敗しても仕方ないと思う。とはいえ、完全に逆光で真っ黒なシルエットだけの写真だった時はガッカリだった。これでは機種以外は何もわからないからだ。

筆者が考える「いい写真」の条件は、尾翼や胴体に書いてあるナンバー（機番）と、情報収集機の場合はセンサーの形状がよく見える写真だった。普通に撮影したら読み取れないような小さなナンバーを拡大して撮影してくれた時は有難かった。

どのような写真が必要なのかは、航空団の情報担当者からパイロットへ伝達されている場合もあるが、「いい写真」を撮ってきてくれるパイロットは、戦闘機の操縦技術も写真のセンスも良かったのだと思う。

遠洋への進出を続ける中国軍

最近は宮古海峡を多数の中国軍機が飛行して太平洋へ抜けることが珍しくなくなってしまった。現在では当たり前のようになっているが、こうしたニュースを見るたびに、とうとうここまで来たか……と感じる。中国の計画どおりに事が進んでいるからだ。

「第一列島線」を東に抜けて西太平洋に出る空軍の遠洋訓練は二〇一五年三月から確認されている。中国空軍の申進科報道官によると、二〇一六年九月二五日に中国軍機が四〇機以上、西太平洋で訓練を実施し、一部の航空機が宮古海峡を通過したという。飛行目的について同報道官は、「空軍の遠海実戦能力をテストした」としたうえで、東シナ海上空の防空識別圏で爆撃機と戦闘機による「定期的な哨戒飛行」も実施したと述べている。

防衛省統合幕僚監部は同日、中国空軍の戦闘機とみられる航空機など計八機が宮古海峡上空を通過したと発表した。戦闘機が同海峡を通過したのは初めてで、空自の南西航空混成団（現・南西航空方面隊）と西部航空方面隊の戦闘機がスクランブルした。

中国空軍の発表が四〇機、統幕の発表が八機となっているのは、中国空軍機が台湾とフィリピンの間にあるバシー海峡を通過した航空機の数を含めているのだろう。

中国軍機は東シナ海や太平洋だけでなく、対馬海峡を通過して日本海上空にも飛来するようになった。二〇一七年一月九日、中国軍のH－6爆撃機六機と情報収集機、早期警戒機の計八機が、東シナ海から対馬の南を通り、日本海中部まで往復飛行した。

二〇一七年一二月一八日には、Su－30戦闘機二機、H－6爆撃機二機、Tu－154情報収集機一機が対馬海峡を通過して、日本海を往復飛行した。中国軍の戦闘機が日本海へ進出したのはこれが初めて。この日は、バシー海峡から太平洋に抜けたY－8電子戦機が宮古海峡を通過して東シナ海へ抜けている。

中国軍機が東シナ海から対馬の南を通って日本海中部まで飛行したのは二〇一六年一月三一日が初めて。H－6爆撃機が確認されたのは二〇一六年八月からである。このような事象は、筆者のような昔の中国軍しか知らない者にとっては驚きだが、中国が着々と駒を進めているのは間違いない。

二〇一六年八月一八日、中国海軍が日本海で軍事演習を実施した。これにともない、Y－8早期警戒機一機及びH－6爆撃機二機が対馬海峡を経て日本海へ進出した。中国海軍はロシア海軍との各種合同訓練を日本海で実施したことはあるが、中国海軍単独での日本海における本格的な軍事演習はこれが初めてだった。

演習が行なわれた具体的な海域は明らかになっていないが、演習にはミサイル駆逐艦「西安」、フリゲート「滄州」、補給艦「高郵湖」、そして中国海軍の東海艦隊の艦艇数隻、艦載ヘリコプターなどが参加した。演習は二手に分かれて実施され、指揮系統、作戦体系、陸・海・空をカバーする情報管理、全体的な海戦態勢などを想定。組織的な戦闘行動を念頭に行なわれた。

同一九日付の「解放軍報」は「定例の訓練で特定の国を対象としていない」とし、「海空兵力の連携の下、偵察や情報分析などに重点が置かれた」としている。演習を指揮した駆逐艦支隊長は「訓練の目的は遠海での作戦能力向上だ」と述べた。

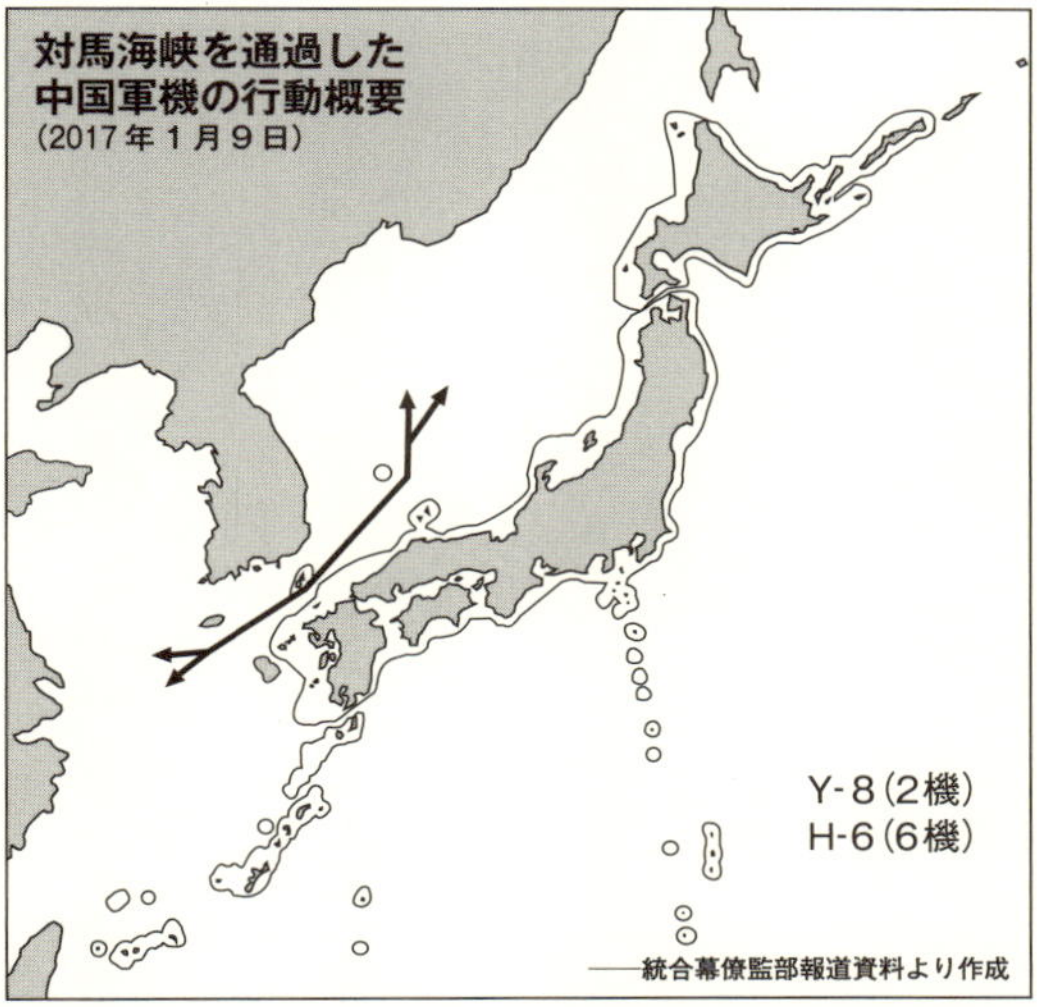

空自機が撮影した中国空軍Su－30戦闘機〔統合幕僚監部〕

「人民網」（日本語版）は同二二日、「今回の実兵対抗訓練は、一体化した情報指揮プラットフォームを基礎にし、艦隊及び航空兵が遠洋で敵の海上兵力に対して効果的に打撃を与える共同作戦行動能力を重点的に鍛えた。また、特に偵察・早期警戒、情報交換、分析判断、指揮・決定など多項目にわたる集合訓練を行なった」と報じている。

「中国中央テレビ」は同二七日、「中国海軍東海艦隊爆撃航空兵某部隊が数日間にわたり、日本海某海域で実戦を想定した強度の「長駆急襲演習」（原文のまま）を実施した」とし、「同部隊は数キロを移動し、模擬ターゲットの艦艇に攻撃した」と報じている。

演習に参加した艦隊は、ハワイで行なわれた米海軍主催の環太平洋合同演習「リムパック」（六月三〇日～八月四日）に参加後、宗谷海峡などを経て日本海に入った。中国海軍幹部はこの演習について「年間計画に盛り込まれたもので、国際法に則って実施した」と述べている。

二〇一七年一月九日、H－6爆撃機六機、Y－8早期警戒機一機、Y－9情報収集機一機など計八機が対馬海峡上空を午前から午後にかけて通過し、東シナ海と日本海を往復した。

この時は、翌日に中国海軍のフリゲート艦二隻と補給艦一隻が対馬海峡を通過して日本海から東シナ海へ向かっているため、H－6爆撃機の飛行目的は空対艦ミサイルによる対艦攻撃など、海軍艦艇との共同訓練だったと思われる。

日本海では二〇一六年八月にミサイル駆逐艦などが演習を行なっている。さらに、二〇一七年九月一八日から二六日の間、ロシア極東ウラジオストク港沖の日本海とオホーツク海南部で中露海軍が合同軍事演習「海洋協同２０１７」を実施した。

こうした度重なる演習だけでなく、中国は北朝鮮東北部の日本海沿岸に位置する羅津《ラジン》港と清津《チョンジン》港の埠頭をそれぞれ五〇年間と三〇年間の租借権を取得しているため、羅津港と清津港を中国海軍の拠点とすれば、乗組員の休養や補給のために頻繁に対馬海峡を往復しなくても、長期にわたり日本海で行動することができるようになる。

中国海軍が日本海で行動する目的については、シーレーンとしての日本海に関心を寄せているという見解があるが、後に述べるように南西諸島を占領する際に自衛隊の戦力を分散する目的もあると思われる。

中国軍のこうした動きの問題点は、尖閣諸島や南西諸島の防衛のために、自衛隊が東シナ海に戦力を集中させた場合に、日本海における北朝鮮軍の軍事行動に対応できなくなる可能性があるということだ。

中国の動きと連動するように、北朝鮮が弾道ミサイルを発射するなど何らかの行動を起こすことが考えられるため、弾道ミサイルに対応可能なイージス艦を日本周辺に配備しておく必要がある（海自では四隻のイージス艦が弾道ミサイル対応艦に改修されている）。

中国軍による日本海での演習は、現時点では大きな脅威ではないかもしれない。しかし、中国軍とロシア軍の合同演習は定例化するだろうし、中国単独の演習も頻繁に行なわれるようになるだろう。こうした動きは、東シナ海での有事の際に中国軍が東シナ海・南シナ海、西太平洋に加えて、日本海でも大規模な作戦行動を行なうことを意味している。

朝鮮半島有事の際に中国海軍がどのように動くのかは分からないが、おそらくロシア海軍とともに、朝鮮半島を取り囲む形で展開することになるだろう。その時、自衛隊はどのように動くのだろうか。日頃から朝鮮半島有事を想定した訓練が行なわれていることを願いたい。

東京に向けて爆撃機が飛行

二〇一七年は、中国軍の意図があからさまになった事象が発生した。中国軍の爆撃機が東京へ向かって飛行したのだ。

二〇一七年八月二四日午前、中国空軍のH－6爆撃機六機が東シナ海から宮古海峡の公海上を通過して日本列島に沿う形で紀伊半島沖まで飛行した後、反転して同じ経路で東シナ海へ戻った。このルートを中国軍機が飛行したのは初めてなのだが、問題は六機もの爆撃機の飛行目的だ。H－6爆撃機によるあまりにも露骨な飛行は、日中関係の真の姿を物語っている。

しかも、申進科・中国空軍報道官が同日（八月二四日）、「これからも頻繁に飛行訓練を行なう」と発言していることから、自国の安全保障戦略を推し進めるためには、日中関係の悪化も辞さないという中国の姿勢が見て取れる。

H－6爆撃機は海軍と空軍が保有しているが、紀伊半島沖を飛行したのは、空軍報道官が声明を発表していることから空軍所属ということになる。H－6爆撃機は対艦ミサイルと対地攻撃用の巡航ミサイルを搭載可能だが、空軍所属のH－6の主任務は対地攻撃であるため、日本本土へ接近する空軍所属のＨ－６爆撃機は日本本土の攻撃を目的としているといえる。

この時に飛来したＨ－６Ｋ爆撃機は、射程距離一五〇〇～二〇〇〇キロの核弾頭を搭載可能な対地巡航ミサイル（ＣＪ－10Ｋ）を六発搭載可能であることと、東京方面に向かって飛行していることから、紀伊半島沖で東京方面へ向けてＣＪ－10Ｋを発射後、反転するというシナリオだった可能性が高い。

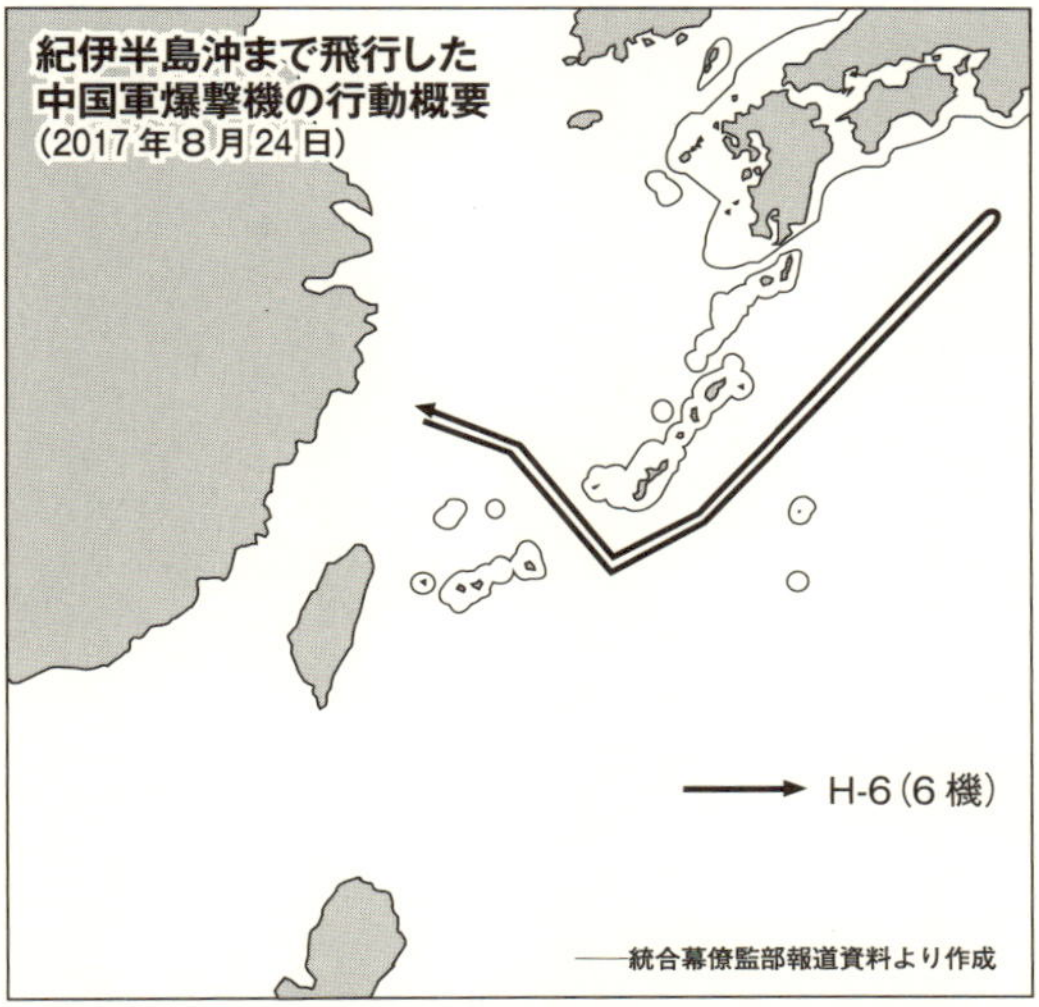

日本周辺に飛来する中国空軍Ｈ－６爆撃機〔統合幕僚監部〕

中国は既に日本を射程距離に収める中距離弾道ミサイルを配備しているが、それだけでなく、爆撃機により日本を威嚇する意思と能力があることを、この飛行により明確に示したことになる。

この時の爆撃機の飛行は、領空侵犯しているわけではないため国際法には違反していない。しかし、隣国の首都へ向けて六機もの爆撃機を飛行させるという行為は、「友好国」が行なうことではない。

例えば、中国軍が宮古島を占領したとしよう。当然のことながら宮古島を奪還するために、陸・海・空自衛隊の戦力が宮古島周辺に集中する。しかし、こうなると中国軍は宮古島周辺の海域と空域の優越性、すなわち、制海権と制空権を確保することが難しくなる。

制海権と制空権が確保できなくなると、中国本土から宮古島への武器、弾薬、燃料などの補給物資の輸送が行なえなくなるため長期にわたる占領が難しくなる。こうした事態を避けるために、中国は北海道や本州への弾道ミサイルや爆撃機による攻撃の可能性をちらつかせる。自衛隊の艦艇や戦闘機などの戦力を分散させるためだ。

中国は当然、米軍が自衛隊と共同で対処することを念頭に置いている。このため、米軍の戦力を分散させるために西太平洋や南シナ海での活動も活発化させるだろう。

二〇一七年八月の東京へ向けての爆撃機の飛行は、このような中国の戦略の一端を示したものといえる。

着々と進行する中国の海洋戦略

前述したような中国軍機の飛行目的をより深く探るためには、中国の海洋戦略について理解しておく必要がある。現在、中国の海洋戦略の柱となっているのは、「接近阻止」「領域拒否」（Anti-Access/Area Denial, A2/AD）というものである。

「接近阻止」とは、九州を起点に、日本の南西諸島、フィリピンを結ぶラインを「第一列島線」とし、そこから中国側の海域（黄海、東シナ海、南シナ海）への米軍の接近を阻止する。

また、「第二列島線」として、伊豆諸島、小笠原諸島、グアム、サイパン、ニューギニア島を結ぶラインを設定している。この「第一列島線」と「第二列島線」の間の「領域」で、米軍の自由な海洋の使用及び作戦行動を拒否する。これが「領域拒否」である。

こうした戦略を実現するために、中国は海軍力の建設を計画的に推し進めている。次に記すのは、鄧小平主席の意向に沿って一九八二年に劉華清副主席が策定した海軍建設の方針である。

・再建期（一九八二～二〇〇〇年）：中国沿岸海域の完全な防備態勢を整備。
・躍進前期（二〇〇〇～二〇一〇年）：第一列島線内部の制海権確保。
・躍進後期（二〇一〇～二〇二〇年）：第二列島線内部の制海権確保。空母建造。
・完成期（二〇二〇～二〇四〇年）：米海軍による太平洋、インド洋の独占的支配を阻止。
・二〇四〇年：米海軍と対等な海軍建設。

この計画は時代の変化を受けて度々見直されてきたが、基本的な枠組みは今なお引き継がれている。現在は躍進後期となるが、現在進められている二隻目の空母の建造は、この方針に基づいたものといえる。

中国は日本のように太平洋に面していないため、中国本土から太平洋へ進出する場合は、台湾とフィリピンの間のバシー海峡か、日本列島の海峡を通り抜けていかなければならない。こうした地理上の制約を受けている中国海軍は、二〇〇〇年以降、日本列島の海峡を頻繁に通過するようになった。その後、しばらくすると複数の艦艇で通過するようになった。

国連海洋法条約の規定により領海は沿岸から一二カイリ（約二二・二キロ）となっている。しかし、日本政府が一九七七年に施行した領海法は、宗谷海峡、津軽海峡、対馬海峡東水道・西水道、大隅海峡を「特定海域」とし、領海を三カイリしか宣言していない。このため海峡の中央部は公海となっており、中国海軍の艦艇は日本からの制約を受けることなく行動できる。

近年は中国軍の航空機と艦艇が宮古海峡の公海上を通過し、西太平洋に向かうことが多くなっている。統合幕僚監部が公表している資料を見ると、宮古海峡を一度に通過する航空機の数は増加を続けている。

宮古海峡を通過するH－6爆撃機のなかには空対艦ミサイルを搭載している機体もある。これは、中国海軍艦艇を敵艦艇に見立てた模擬攻撃訓練が行なわれていることを示唆している。おそらく艦艇の側も、爆撃機を敵機に見立てた防空訓練を行なっていたのだろう。

中国が西太平洋で訓練を行なう目的は、単に第二列島線への進出を目指しているわけではなく、有事に東シナ海と太平洋から南西諸島を挟み撃ちにすることを想定している可能性がある。

中国は尖閣諸島を占領できるのか?

尖閣諸島周辺では中国公船と日本の海上保安庁の睨みあいが続いているが、筆者は不思議に思うことがある。そもそも、尖閣諸島を中国はどのように占領するつもりなのか？　という素朴な疑問である。

中国軍が着上陸作戦を実行するためには、尖閣諸島周辺の制海権と制空権を掌握しておく必要がある。着上陸作戦を実行する揚陸艦及び機動部隊が、海自艦艇や空自戦闘機による対艦ミサイルによる攻撃を受けることになるためだ。ただし、中国海軍艦艇にも対空・対艦ミサイルが搭載されているため、機動部隊を構成する艦艇全てを壊滅状態にすることは難しい。

中国軍が制海権と制空権を確保するためには、海・空自衛隊を大きく上回る戦力を尖閣諸島周辺に投入する必要がある。中国軍が制空権を掌握するためには、F－15戦闘機（二〇一機）、F－2戦闘機（九二機）のうち本土防空の任にあたる戦闘機を除いた、大半の戦闘機を戦闘不能にしなければならない。

中国軍はF－15に相当する第四世代の戦闘機であるのSu－27を七五機、Su－30を七三機、J－11を二〇〇機、J－10を二七〇機保有している。このため、質だけでなく量でも圧倒的に有利なように思える。

だが、大量の戦闘機を一度に飛ばすことはできない。早期警戒管制機（AWACS）による支援が必要となる。作戦の内容によっては空中給油機も必要となるだろう。

中国軍は空対空戦闘及び艦対空戦闘により空自の戦闘機を撃墜してゆくわけだが、空自の戦闘機だけが一方的に撃墜されるわけではない。中国の戦闘機も撃墜されることになる。海自のイージス艦により撃墜される戦闘機も多いだろう。

中国軍が制海権と制空権を掌握するためには、戦闘海域及び空域が尖閣諸島周辺だけでなく東シナ海全体、西太平洋、日本海にも広がる。これは近年の中国軍の西太平洋や日本海への進出が裏付けている。

目的は尖閣諸島周辺へ自衛隊の戦力が集中することを避け、日本海や西太平洋（日本沿岸）に分散するためだ。また、米軍の戦力を分散するために、西太平洋と南シナ海での活動も活発化させるだろう。

中国は尖閣諸島を自国領とする意思を持っているようだが、現時点では、それを実現するために必要な軍事力を保有していない。このため将来にわたり、軍事力以外の手段による領有権の主張と影響力の行使が継続されるだろう。

中国軍による尖閣諸島占領が間近に迫っているという言説は多いが、それらの言説の多くは、数字のうえでの中国軍と自衛隊の兵力の差を根拠としており、実戦を考慮していない場合が多々ある。

このため、現実の兵力及び能力を多角的に分析した結果をもとにした、尖閣諸島占領のシナリオを探し出すことは難しい。中国軍が尖閣諸島を占領することが困難な理由には次のようなものがある。
①上陸作戦は、あらゆる軍事作戦の中で最も高度なものとされている。尖閣諸島への上陸作戦においても、保有する戦力を統合し能力を最大限発揮させる必要がある。しかし、現時点では統合演習が緒に就いたばかりであり、尖閣諸島占領に必要な全ての戦力を有機的に結合し、能力を発揮することはできない。
②中国海軍は大規模な兵員及び装備を尖閣諸島周辺海域まで輸送可能な大型揚陸艦を四隻しか持っておらず、その能力も十分とはいえない。

※中国海軍最大の「071型揚陸艦」の搭載能力は、海軍陸戦隊の装甲戦闘車両一五〜二〇両及び兵員五〇〇〜八〇〇人。

③尖閣諸島は全ての島が周囲を岩場で囲まれ、ほとんどが急な斜面であるため、水陸両用車により兵員及び装備を迅速に上陸させることは極めて難しい。

④中国軍が尖閣諸島に大規模な兵力を上陸させる能力を有していたとしても、長期にわたり占領を継続するためには補給が必要となる。しかし、中国軍の戦力では制海権と制空権を長期にわたり掌握し続けることはできないため、補給ルートを確保しておくことは不可能。

以上のような問題点があるため、中国が尖閣諸島を影響下に置くための唯一の手段は、領有権が自国にあることを主張し、その主張を正当化するための行動を継続するほかない。つまり、現在行なっていること以上のことはできないのだが、さらに踏み込んで、海上民兵の一時的な上陸や、無人機を含む航空機による意図的な領空侵犯などが行なわれるかもしれない。

自衛隊は尖閣諸島を奪還できるのか?

中国軍が尖閣諸島の占領に成功した場合、自衛隊は奪還作戦を実施することになる。しかし、防衛省が島嶼奪還作戦の目玉として導入したLCAC（エア・クッション艇）とAAV7（水陸両用強襲輸送車）は、尖閣諸島のような岩場で囲まれた島嶼への上陸作戦では使用できない。この点は中国軍が尖閣諸島へ上陸する際の問題点と全く同じである。

このため、ゴムボート等の小型船、あるいはヘリコプターを用いての上陸となるわけだが、海岸近くの海中には機雷が敷設され、海岸の岩場に地雷が撒かれている可能性がある。また、ヘリコプターによる降下を試みた場合、携帯式の地対空ミサイルで攻撃される可能性もある。

このように、占領することよりも、奪還することのほうが大きな困難を伴う。自衛隊の奪還部隊は、機雷、地雷の他にも、対戦車ロケット等による攻撃に晒され、組織的に上陸すら出来ないまま撤収することになる可能性が高い。このため、少数の特殊部隊を夜間に上陸させ、ゲリラ戦を展開して中国軍を掃討するしかない。

しかし、自衛隊による奪還作戦が成功したとしても、奪還作戦終了後に部隊が九州などの本拠地へ撤収した場合、中国軍が再び上陸を試みる可能性がある。このため、自衛隊が常駐して警備を行なう必要がある。

しかし、このような事態が予想されるのであれば、中国軍が上陸する前に、（リスクの高い奪還作戦を行なう前に）自衛隊を事前に配備しておくべきであろう。中国軍に占領されるのを待ってから、奪還作戦を発動するのは本末転倒といえる。

陸上自衛隊は二〇一六年三月、日本最西端にあたる与那国島に、付近を航行する船舶の情報収集を行なう沿岸監視隊（隊員数一六〇人）を発足させた。また、宮古島には二〇一九年をめどに、地対艦ミサイル部隊を含む七〇〇人から八〇〇人規模の部隊を配備する。さらに石垣島にも五〇〇人から六〇〇人規模の地対艦ミサイル部隊を新たに配備する方針になっている。

宮古島や石垣島への部隊の常駐には賛否両論あり、部隊の常駐に反対する人々は「有事の際には攻撃対象となる」と主張しているが、自衛隊が常駐していないから攻撃されないということにはならない。

自衛隊の最も重要な任務は、戦争を未然に防ぐための抑止力となることである。防衛省は、中国の軍用機や艦艇の動向に関する分析結果を積極的に公表することで、抑止力の重要性について国民に理解してもらう必要がある。このためには、まずは日本政府（親中派議員）が中国に対する過剰な「配慮」をやめなければならない。

「中国の有事」に動員される在日中国人

二〇一三年一一月二四日、在日中国大使館が公式ウェブサイトで在日中国人に対して、緊急事態に備えて緊急時の連絡先を大使館に登録するよう呼びかけ、登録を始めた。「重大で突発的な緊急事態が生じたとき」に同大使館が在日中国人を支援し、身の安全や利益を守りやすくするためと説明しているが、この背景には、「国防動員法」（二〇一〇年七月一日施行）があると思われる。

有事の際には「国防動員法」により、全国人民代表大会常務委員会（国会）の決定のもと、動員令が発令される。国防義務の対象者は、海外にいる国連職員を除く中国人全てに適用され、一八歳～六〇歳の男性、一八歳～五五歳の女性は「国防動員任務」に従事し、軍の作戦支援等を

2008年4月26日、長野市で行なわれた北京五輪聖火リレー応援のため「動員」され、JR長野駅前で中国旗を振る多数の中国人留学生ら〔産経新聞社〕

行なうことを義務づけている。

同法の前提である「有事」についての規定は極めて曖昧で「国家の主権、統一、領土が脅威に直面するとき」となっている。このため、尖閣諸島で「中国の主権が侵害された」と中国政府が判断したときなどにも適用される可能性がある。

国防動員法は海外に居住する中国人にも適用され、平時には法により「国防動員準備業務」を完遂しなければならないとしている。また、「国が国防動員の実施を決定した後には、所定の国防動員任務を完遂しなければならない」（第五条）としている。

つまり、日本にいる約六八万人の中国人は、平時から同法の課す義務を負っているのだ。このため、「国防動員法」に基づき、在日中国人が日本国内の治安を乱す恐れがある。この場合、自衛隊に「治安出動」が下令され、警察だけでなく自衛隊も治安維持に投入されることになるかもしれない。

二〇〇八年四月二六日、長野市で行なわれた北京五輪聖火リレーでは、沿道を埋め尽くした中国人四〇〇〇～五〇〇〇人による日本人らへの暴行事件が起きていた。中国大使館が留学生などに大量動員をかけ組織的に長野に送り込んだのだろう。このように、在日中国人は大使館の指示により、組織的に動くことが出来るようになっている。


北朝鮮の弾道ミサイル発射などの際と同様に、中国軍の動向についても官房長官や防衛大臣は「情報の収集と分析に努める」とはいうものの、「防衛白書」以外で分析結果が正式に公表されたことはほとんどない。二〇一七年のH－6爆撃機六機による紀伊半島沖の飛行についても、分析結果が公表されることはないだろう。

分析結果を公表しないことで日本の世論を刺激しないなどの、中国への過剰な「配慮」をしているうちに、東シナ海は中国軍の強い影響下に置かれ、沖縄本島・宮古島間の公海（宮古海峡）を中国軍機や海軍艦艇が通過することが当たり前となってしまった。

日本の首相や官房長官は、北朝鮮による核実験や弾道ミサイル発射に対しては「断じて容認できない」と発言するが、中国の行動に対しては寛容なようだ。長期的には北朝鮮よりも中国の脅威のほうが高いので、中国に対しても毅然とした対応が必要なのではないだろうか。

第六章　息を吹き返すロシア軍

冷戦末期の「ソ連軍」

ベトナム中南部のカムラン湾にはソ連軍が使用している飛行場と港湾があり、二〇〇二年までソ連（ソ連崩壊後はロシア）太平洋艦隊の部隊が駐留していた。このカムラン湾とソ連を、ソ連軍機とソ連の航空会社「アエロフロート」の旅客機が往復していた。これらの航空機は対馬海峡の狭い空域を通過していた。

対馬海峡は日本の領空が複雑に入り組んでいるため、ソ連機にその気がなくても領空侵犯してしまう可能性があったので、空自の防空指令所（ＤＣ）は神経を使っていた。対馬海峡はソ連機の航法士の腕の見せどころだったのかもしれない。航法技術が発達する前は、ソ連機を誘導するためにソ連海軍の艦艇が対馬海峡に展開して無線で指示を送っていたほど難しい空域だったからだ。

対馬海峡の通過は通過時刻が事前にわかっていたのだが、その時間は深夜になることもあった。春日基地（福岡県）の航空方面隊戦闘指揮所（ＳＯＣ）には、その時間に合わせて幕僚が勢ぞろいしていた。この時間は普段なら基地の門は鍵がかかっているのだが、深夜に続々と車が入ってくるので、何も知らない警衛所（基地の警備を行なっているところ）の隊員は驚いたことだろう。ただ単に対馬海峡を通過するだけなのだが、幕僚が勢ぞろいするのは不測の事態に備えてのことだった。ソ連機が対馬海峡に接近すると、「予定通り」戦闘機がスクランブルし、ソ連機の動きを監視した。

ある時、対馬海峡を無事通過したときに、ソ連機が「サンキュー」と無線で「感謝の意」を伝えてきたことがあった。空自のスクランブル機は監視というよりも「エスコート」に近いものだったから感謝されたのだった。ロシア人も何事もなく通過できて、ほっとしたのだろう。

筆者の記憶では、カムラン湾へ向かう「アエロフロート」の旅客機が正式にフライトプランを提出して本州上空を突っ切ったことがある。この時の対応はいろいろと問題になった。これまでスクランブルの対象となっていた機体だったからだ。正式なフライトプランが提出されているので、戦闘機を発進させて監視することはなかったのだが、レーダーで動きを注視していた。

ロシアはベトナムへ戦闘機を輸出する際はＡｎ－１２４輸送機で空輸している。世界最大のプロペラ輸送機であるＡｎ－22が対馬海峡を通過したことがあるが、この時はＳｕ－27を空輸しているのではないかという話があった。

実際に戦闘機をどのように貨物室に入れたのか分からなかったが、主翼と尾翼を外したうえで胴体を斜めにすれば納まるということだった（Ａｎ－１２４なら胴体を斜めにしなくても納まる）。対馬海峡には、こうした珍しい飛行機が飛んでくるので、筆者にとっては（飛行機マニア的な見地から）興味深かった。しかし領空が入り組んでいるので、管制官にとっては面倒な空域だったと思う。

ソ連軍機との「戦闘」

いまでは考えられないことだが、一九八〇年代は日本周辺や極東地域で米国とソ連の軍事的な示威行動と情報収集活動が活発だった。これらの活動の脅威度は、近年の（緊迫しているとされる）北朝鮮情勢とは次元が違っていた。

米国の空母打撃部隊が一九八二年一〇月上旬に日本海で大規模な演習を実施した際には、当時の最新鋭爆撃機であるＴｕ－22Ｍが飛来し、実戦さながらの攻防戦が展開された。北太平洋で演習を行なっていた米太平洋艦隊が、津軽海峡から日本海に入り大規模演習を展開したのだ。

目的はアリューシャン列島、千島列島といったソ連の「庭先」で軍事的なプレゼンス（存在）を誇示することだった。演習には横須賀を母港としている米第七艦隊の空母「ミッドウェー」に加え、空母「エンタープライズ」が十数年ぶりに日本海に入るなど、二隻の空母を中心とした十数隻の水上艦艇、潜水艦が参加。防空、対潜、水上打撃戦など各種の訓練を行なった。その際、ソ連のＴｕ－22Ｍが飛来し、米艦隊にミサイル攻撃をかけるような動きをみせ、米軍も空母艦載機が迎撃態勢を固めるなど激しい「戦闘」を展開した。

一九八三年一一月二九日、九機編隊のソ連軍機が日本海を南下し、その一部が領空侵犯した。空自は築城基地（福岡県）など四基地から計三〇機の戦闘機（Ｆ－４、Ｆ－１０４、Ｆ－１）が発進した。ソ連機の機種はＴｕ－16爆撃機七機、Ｔｕ－95爆撃機二機で、Ｔｕ－16は空中給油型、Ｔｕ－95は情報収集型に改修されたものだった。ソ連軍機は同日午前六時前に発見され、約一時間後に対馬海峡を通過、このうち四機は長崎県福江島南西の海上で反転、再び同海峡上空を通って日本海を北上した。空自が三〇機もの戦闘機をスクランブルさせたのは、これが初めてだった。

現在では到底考えられないことだが、二〇機もの爆撃機が日本海を南下したことがあった。東西冷戦中の出来事とはいえ、このような動きは当時でも異例中の異例の事象だった。

一九八四年九月二三日午前七時四五分ごろ、空自のレーダーが稚内の西約二七〇キロの日本海上空で一二の航跡を発見、スクランブルした戦闘機のパイロットが二〇機のＴｕ－22Ｍを確認した。

Ｔｕ－22Ｍは高度約六六〇〇〜九〇〇〇メートルを時速七四〇〜八九〇キロで南下、石川県小松市沖付近から西へ方向を転じ、午前九時半ごろレーダーから消えた。この時の編隊は先頭から最後尾まで三七〇キロで、飛行目的は南下する際は対艦攻撃、北上する際はソ連へ侵入する「敵軍役」としての訓練と推定された。

一九八七年一二月九日、沖縄の南方を北上していた四機の国籍不明機のうち一機が、編隊を離れて沖縄本島周辺の日本の領空に接近した。このため、空自那覇基地から二機のF－4戦闘機が緊急発進して確認したところ、航空機はソ連のTu－16爆撃機を偵察型にした機体であることが判明した。

自衛隊機は無線交信や翼を振って領空から離れるか那覇基地に着陸するよう呼びかけたが、Tu－16はこれに答えず、午前一一時二四分から三一分にかけての七分間、沖縄本島周辺の日本の領空を通過したうえ、一一時四一分から四五分にかけても、再び鹿児島県の沖永良部島と徳之島の間の領空を通過して東シナ海方面へ飛び去った。

この間、Tu－16と並んで飛行していた自衛隊機のうち一機がTu－16の前に出て、二度にわたる領空侵犯の寸前に、警告のため二〇ミリ機関砲を数回ずつ前方に向けて発射した。緊急発進した自衛隊機が警告のため領空侵犯機に機関砲を使用したのは航空自衛隊が一九六四年（昭和三九年）に領空侵犯の警戒任務について以来初めて。ソ連側は同一〇日、領空侵犯の原因を「悪天候と計器の故障であった」と発表した。

再び活発化するロシア軍

中国海軍とロシア海軍は、「平和の使命」という合同演習を二〇〇五年、二〇〇七年、二〇〇九年、二〇一〇年、二〇一一年に実施した。二〇一二年四月には、「海上連合二〇一二」

という演習名で大規模な演習が実施された。二〇一七年には「海上連合二〇一七」の中国側参加部隊が、日本海とオホーツク海で編隊動作、軽火器射撃、対潜水艦戦、海上戦傷救護などの訓練を実施した。

日本のメディアは中露合同演習には関心がないようだが、中国とロシアは友好親善のためだけに演習を行なっているわけではない。オホーツク海での演習は二〇一七年が初めてだったわけだが、日本海だけでなく、オホーツク海からも日本を包囲することを想定していた可能性があるので、日本の安全保障を考えるうえでは、関心を持って見なければならない。

中国は自国の安全保障と繁栄のための世界戦略にもとづいた、対米戦略と対日戦略（日本をオホーツク海、日本海、太平洋、東シナ海から包囲する）に基づいて、ロシアへ接近していると思われる。それに対してロシアは、米国へ自国の存在感を誇示する意味で中国に接近しているのだろう。

両国は、究極的には在日米軍をはじめ、西太平洋全域における米軍の影響力を低下させることを目指しているのではないだろうか。

二〇一二年二月八日、ロシア軍機が珍しいルートで日本へ接近した。筆者が現職自衛官だった当時は、このような飛行パターンは見たことがない。ロシア軍機五機が日本海を半日にわたって飛行したというもので、空自戦闘機がスクランブルした。複数の機種のロシア軍機が同時に日本周辺を飛行するのは異例だ。

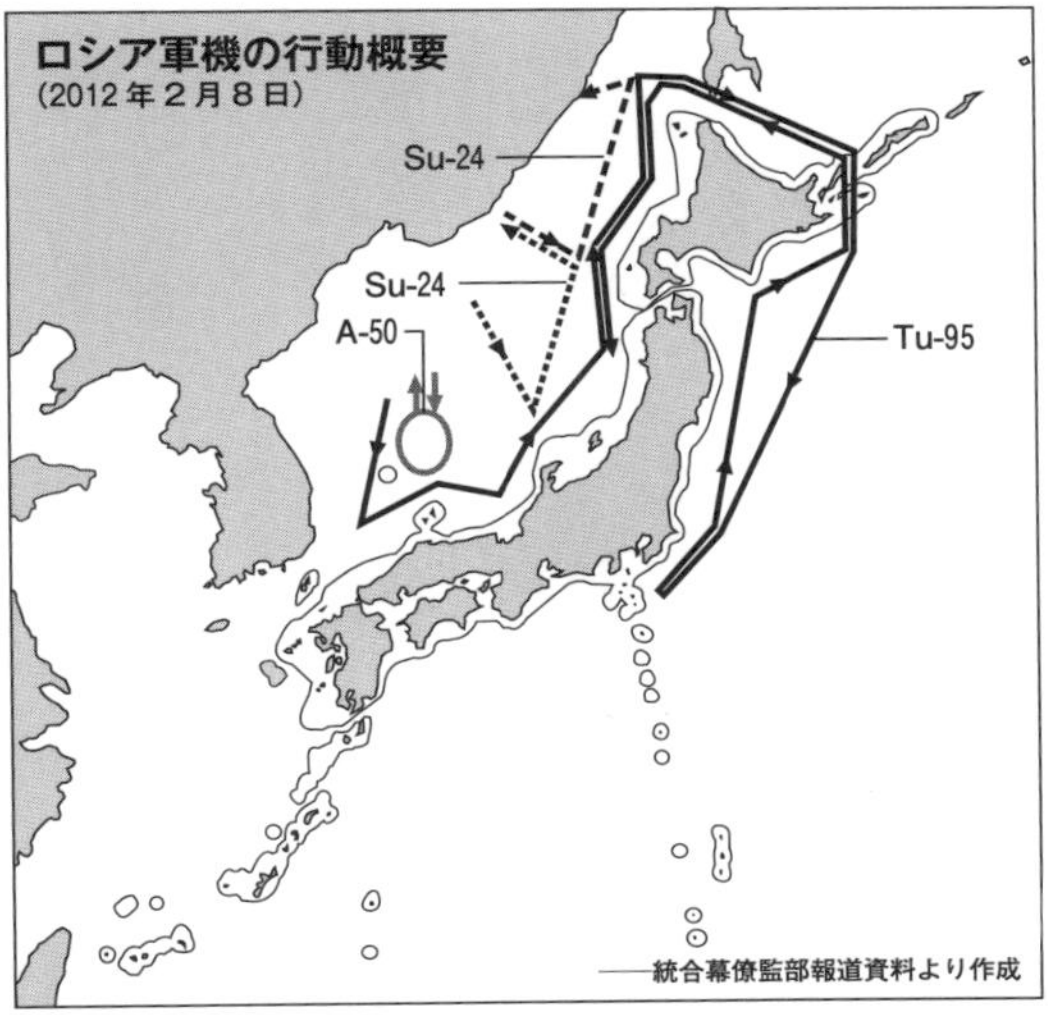

ロシア軍機の行動概要
(2012年2月8日)

——統合幕僚監部報道資料より作成

この日は午前九時ごろ、ロシア空軍のＴｕ－95爆撃機二機とＡ－50早期警戒管制機（ＡＷＡＣＳ）一機のあわせて三機が、山陰地方の日本の領空に接近したため、空自戦闘機がスクランブルし、監視を開始した。その後、爆撃機は約一二時間にわたって日本列島に沿うように飛行を続けたほか、早期警戒管制機も約九時間にわたって山陰沖の日本海の上空にとどまって周回飛行を続けた。また、昼ごろにはロシア空軍のＳｕ－24偵察機二機が、北陸から北海道にかけての日本の領空に接近したあと、数時間にわたって日本海上空を飛行した。

ロシア軍のＡ－50は二〇一五年にも飛来している。二〇一五年一二月一一日、ロシア軍のＴｕ－95爆撃機二機とＡ－50早期警戒管制機一機が、午前中に日本海から日本列島に接近し、このうち、Ａ－50は日本海を飛行したあと、数時間ほど飛んで日本列島を離れたが、爆撃機二機は南下を続け、沖縄周辺海域の上空で太平洋側に回り込んだ。その後、日本列島を一周するように北上を続け、夜になってロシア方面に戻った。

筆者が知っている日本海を南下して飛行する

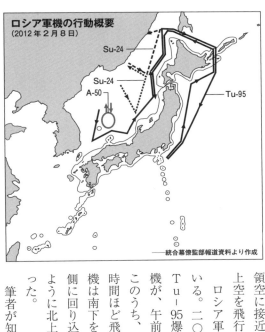

ロシア軍機は（ベトナム・カムラン湾を往復するものを除くと）Ｔｕ－95、Ｔｕ－22Ｍ、Ｉℓ－20だけだった。Ａ－50の飛行はロシアの新たな思惑が反映されているのだろう。

近年のロシアは米国への対抗心からか、中国や北朝鮮との協力関係を重視しているので、日本周辺で早期警戒管制機を使用するような航空作戦を遂行する能力があることを誇示する意図があったのかもしれない。

ロシア側の真意はともかく、冷戦崩壊により一気に活動が低調になったロシア軍が復活の兆しを見せ、極東における存在感を増大させていることは確かだ。

「テポドン二号」発射時の活動

二〇〇九年四月五日午前一一時三〇分ごろ、北朝鮮は長距離弾道ミサイル「テポドン二号」を発射した。この際、ロシア空軍のＩℓ－20情報収集機が、北朝鮮からの発射時間帯の事前通報をもとに日本海で情報収集飛行を行なった。

Ｉℓ－20はミサイル発射約三〇分前に北海道沖から日本海を南下、北朝鮮が設定したミサイルの一段目ブースターの落下危険区域の上空を通過。発射時には、さらに南下したところを飛行していた。

この時、自衛隊は弾道ミサイル発射の探知・追尾のため、海自のイージス艦三隻のＳＰＹ－1レーダー、地上に配備されている空自の二基のＦＰＳ－5レーダー、四基のＦＰＳ－3改レーダ

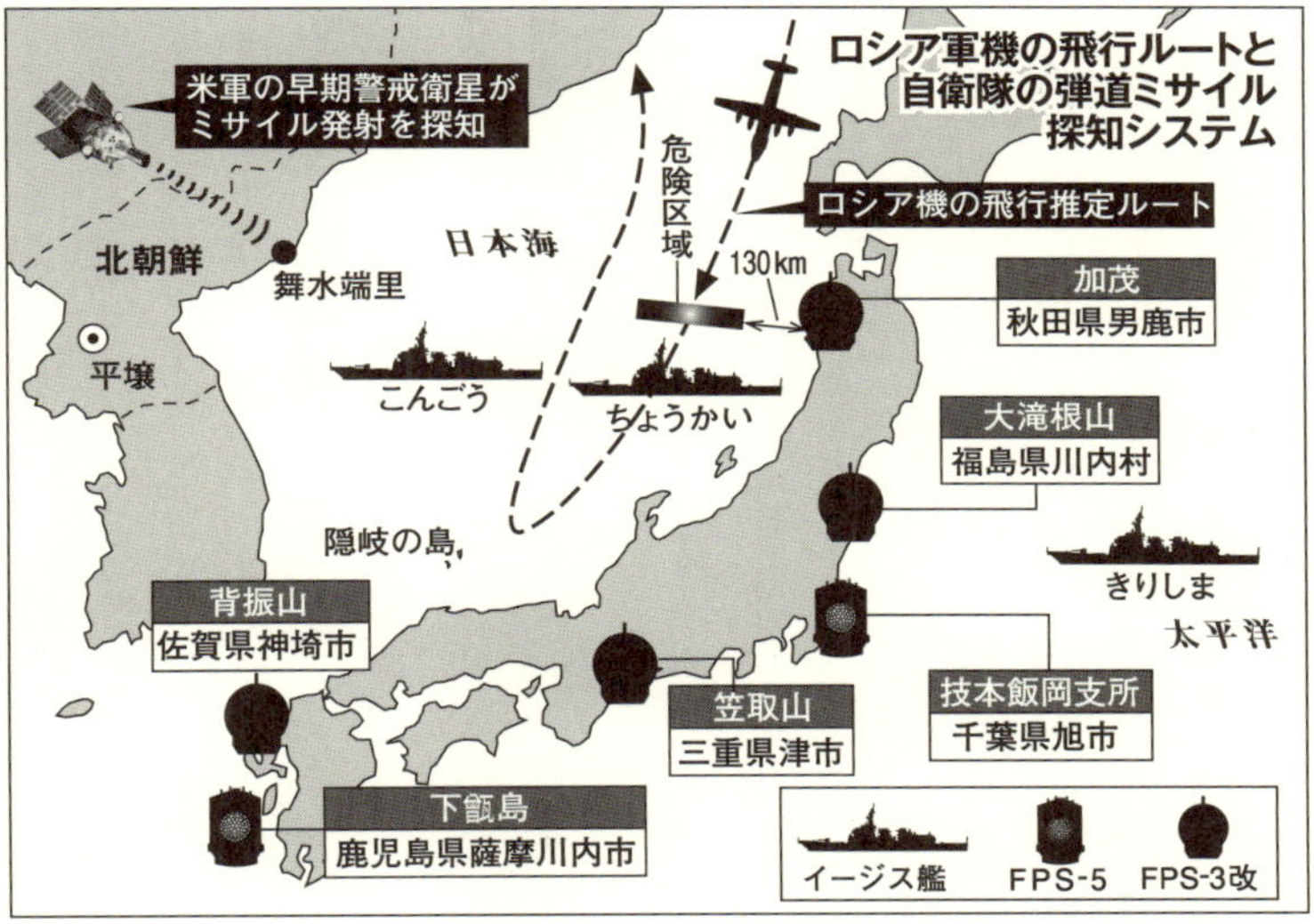

日本周回飛行を行なったロシア空軍Tu－95爆撃機〔統合幕僚監部〕

北朝鮮の弾道ミサイル発射に合わせて飛来したロシア空軍Iℓ－20情報収集機〔統合幕僚監部〕

ーを、米軍は日本海と太平洋に二隻ずつ展開していたイージス艦、青森県に配備しているXバンドレーダーを稼働させていた。Iℓ－20はこれらのレーダーの周波数帯など、様々な電波情報を収集したと思われる。

Iℓ－20は二～三時間にわたり、日本近海で情報収集を続け、隠岐の島（島根県）付近まで飛行した後、ロシアに戻った。

レーダーの周波数帯を把握されると、妨害電波でレーダーが無力化される恐れがある。Iℓ－20の行動は、ロシアが日米のミサイル防衛に関心を持っていることを示している。（資料源：「産経新聞」二〇〇九年四月一六日）

筆者が「情報員」となったのはソ連崩壊（一九九一年）直後だった。大規模な米韓合同演習が行なわれている間は、ソ連軍のTu－95戦略爆撃機の偵察型が朝から晩まで韓国近海を飛行していた。まだ駆け出しの情報員だった筆者は、空自のレーダーに映っているTu－95の航跡をひたすら記録していた。

Tu－95は空中給油なしで一万五〇〇〇キロ飛行できるので、なかなか韓国近海から離れてくれない。Tu－95の搭乗員も大変だっただろうが、こちらも大変だった。

二等空士の頃（電算機処理員だった頃）には防空指令所（DC）で勤務していたので、ソ連軍の偵察機や爆撃機が日本領空へ接近しては情報収集や攻撃訓練を繰り返す様子をレーダーで見ていた。現在は東西冷戦期のような派手な飛行は行なわれていないが、当時は国家と国家の本当の関係を見た思いだった。

Ｔｕ‐95は一九五二年に初飛行した世界最速のプロペラ機で、東西冷戦の生き証人のような飛行機なのだが、現在も日本の周囲を飛行しては空自戦闘機にスクランブルされている現役機である。ソ連軍といえば、筆者が空士長だったころに、ソ連軍の最盛期を知っている大先輩からよく自慢話を聞かされた。そのころの電波情報の現場は超多忙で、ある意味、通信室は活気に溢れていたようだ。

定年退職前に残務整理していた曹長殿がシュレッダーにかける直前に、「友好国」から受け取った生々しい秘密資料を見せてくれたこともあった。当時は資料の価値がわからなかったのだが、いまから考えるとかなり貴重なものだった。当時は「ギブ・アンド・テイク」がしっかりと成り立っていたので、いい情報をくれたのかもしれない。

終章　自分の国は自分で守る

受け継がれる「情報軽視」の体質

筆者は自衛隊退職後、内閣情報調査室をはじめ、防衛省以外の情報組織の北朝鮮や中国の担当者とお付き合いすることになったのだが、改めて日本の情報組織の問題点を感じた。とくに強く感じたことは「人材が育っていない」（育てる気がない）ということだった。

人員と予算の少なさからも日本の情報軽視ぶりを垣間見ることができる。米国は中央情報局（CIA）や国家安全保障局（NSA）など一七の情報機関を抱えており、非公表だが要員総数は二〇万人以上で、予算は約四〇〇億ドル（約四・四兆円）といわれている（参考：二〇一七年度の日本の防衛費は五兆一二五一億円。自衛官は約二四万七〇〇〇人）。

これだけをみても、米国の「情報重視」の姿勢が分かる。本来「情報」には、それくらいの人員と予算を投入する価値があるのだ。
しかし、日本の情報組織、とくに防衛省は正面装備の導入を重視するあまり、将来にわたり優秀な人材の計画的な育成という、「情報」を生産するための基礎的な部分に多くの予算を配分することはないだろう。

防衛省の場合は情報組織の構造にも問題がある。情報活動は組織で行なうものなので、最初から個人の能力と犠牲に依存する構造にしてはならないと思う。

日本は、旧日本軍の時代から一部の秀でた人物の能力に依存していたと言えるのではないだろうか。中野学校のような教育機関で組織的な教育は行なわれていても、最後は個人の能力に依存する形になっていたように思う。

現在、日本で唯一の情報専門の教育機関である、陸上自衛隊情報学校（旧調査学校）の教育内容は全容を公表することができないため、中野学校の末裔と表現されることがあるが、筆者の印象は違う。

筆者は陸上自衛隊情報学校と小平学校の前身の調査学校に在籍していたのだが、自分の課程以外の教育内容はほとんど知らないし、知ることもできない。調査学校のなかでも秘密保全は徹底しているからだ。しかし、調査学校の教育内容が多くの面で中野学校と異なっているのは確かで、海外での謀略など高度な情報活動を遂行するような、いわゆる工作員やスパイの養成は行なわれていない。

そもそも、筆者が在籍していた当時の調査学校には、とにかくお金がなかった。防衛省は情報を軽視しているので、情報教育と語学教育へ配分される予算は想像を絶するほど少ない。たまにメディアに登場する「別班」（陸上幕僚監部指揮通信システム・情報部別班）が実在し、「別班」の要員が海外で情報活動を行なっていたとしても、その予算は極めて限られたものとなっているだろう。

調査学校の困窮ぶりを物語るエピソードとして、教官室に官品のパソコンが支給されないため、苦肉の策で教官たちがボーナスから一人数万円を出し合って購入したという話がある。

それだけでなく、予算が少ないためコピー用紙すら不足してしまい、教官が陸幕に出向いて直談判して調達したこともあった。実際に教材で使用されていた紙は、ひと目で安い紙だということが分かるものだった。調査学校では紙は貴重品なので、学生がコピー機を使う場合もお金を払っていた。

教官の経済的な負担も大変だが学生も大変で、教材となる書籍類はすべて学生が自費で購入することになっており、入校する前に人事経由で準備する金額（数万円）が言われていた。自衛隊の他の教育機関で教材を自費で購入させる学校は聞いたことがない。

自衛官はこのような窮状に負けることなく、予算の少なさを使命感でフォローして情報活動を行なっている。

粘り強く取り組まなければならない作業が多いので、常に高いモチベーションを維持していなければならないのだが、使命感だけではどうにもならないこともある。

「情報」（インテリジェンス）を生産するためのサイクルの一連の作業は、気が遠くなるほどの地味な作業の連続なのだが、多くの場合、短期間では結果が出ない。それでも辛抱強く頑張らなければならないのだが、結局、何の結果も導き出せないこともある。残念ながら努力が報われるとは限らないのだ。

しかし失敗を恐れてはいけない。ともかくコツコツと情報資料を集めることが大切だ。小さくて地味な情報（断片情報）を積み上げることが、何よりも大切だと思う。分析は「点」を「線」にする作業でもある。「点」が「線」になった時、つまり全体像が解明できた時の達成感は何物にも代えがたい。分析を続けてきてよかったと思う瞬間である。

例えば、北朝鮮の弾道ミサイルの発射実験や核実験といったような大きな事象では、センセーショナルな情報に目が行ってしまう。しかし、その裏で進行している地味で細かな動向についても把握しておく必要がある。これを把握していないと、分析が誤った方向へ行ってしまうことがあるからだ。

また、ある一面だけを切り取ったり、ある一時期だけを切り取って分析してはならない。メディアを賑わせている確たる根拠のない「北朝鮮危機」はその一例といえる。

周辺国の軍事情勢の激変

以下に記述するように日本列島周辺は急激に騒がしくなっている。適切な政策を立案するための「情報」の重要性は、これまでになく高まっている。

北朝鮮

北朝鮮は事実上、大陸間弾道ミサイル（ＩＣＢＭ）と核兵器を保有するに至ったが、この問題の解決方法は米国による武力行使ではない。東京とソウルが北朝鮮の「人質」になっている限り、米国が武力行使に踏み切ることはない。

米朝間の対決の構図は、クリントン政権時代に発生した「核危機」と、これに対処するために武力行使を検討した当時（一九九四年）とほとんど変わっていない。このため、米国の大統領や要人が強硬な発言をしても、それは口先だけの圧力に過ぎない。

もっとも、日本や朝鮮半島で想像を絶するような犠牲者が出ても、米国人さえ助かればいいという判断が下された場合は別だが、そのような道を選択した場合、米国の信頼は地に落ちるだろう。

北朝鮮の核兵器と弾道ミサイルは、北朝鮮の政権が変わり、「朝鮮民主主義人民共和国」という国家が消滅するまで、米国と中国が事実上「管理」する方向に動くのではないだろうか。できるだけ「朝鮮民主主義人民共和国」を刺激しないで崩壊するのを待つのだ。

問題は、崩壊後の「朝鮮半島北半分」の地域に樹立される新政権である。親米でも親中でもない中立国が理想だろうが、その可能性は低い。また、崩壊のプロセスによっては米国と中国の間で主導権争いが起きるかもしれない。

なお、完全な南北統一が短期間で実現する可能性は低い。韓国の経済力では北朝鮮を支えられないなど、解決すべき多くの課題が山積しているからだ。

中国

中国軍の日本周辺における活動は拡大を続けている。南西諸島周辺だけでなく、日本海における艦艇と航空機の活動は常態化しつつある。

二〇一七年には六機ものH－6爆撃機が東京へ向けて飛行した。以前から中国軍の動向は到底、友好的とは言えないものだったが、H－6の露骨な行動により中国の対日戦略がより明確になった。

中国は数十年以上の長期戦略をもとに軍事力を整備し、自国の国益を追求する姿勢を見せている。国益と表現するよりも「国家の生存と繁栄のための戦略」と表現したほうが適切かもしれない。この戦略にもとづき、中国海軍の行動範囲は西太平洋から中東まで拡大している。中東にまで拡大しているのは、中国国内の石油生産量が減少し純輸入国となったため、中東産の石油を安定的に輸入する必要に迫られたからである。

空母の建造は、中国の長期戦略を結実させるための通過点であり最終目的ではない。中国は空母打撃群を西太平洋とインド洋に展開することを目指している。中国版ＧＰＳである「北斗」衛星航法システムの構築も中国の長期戦略を反映している。つまり中国は世界を見据えて長期計画を策定し実行に移している。

中国軍は日本を包囲するように活動しているが、こうした露骨な活動は活発化を続けるだろう。

ロシア

ソ連崩壊直後は活動が極めて低調だったロシア軍だが、Ｔｕ－95戦略爆撃機による日本列島を周回する飛行を復活させるなど、日本列島周辺におけるロシア軍の活動が年を追うごとに活発化している。

飛行回数だけでなく、その内容（飛行目的）にも注目する必要がある。とくにＡ－50早期警戒管制機の日本海南下飛行である。Ａ－50が南下するまでは、爆撃（攻撃）訓練と情報収集飛行だけだったからだ。情報収集飛行もＴｕ－95に代わり、情報収集装備をアップグレードしたＩℓ－20が飛来するようになった。

ロシア海軍の中国海軍との合同演習にも注目する必要がある。演習は、オホーツク海、日本海、東シナ海と、日本列島を取り囲むように行なわれている。このような演習は今後も活発に行なわれるだろう。すでに、欧州周辺ではロシア海軍潜水艦の活動が、冷戦期に匹敵するほど活発化している。

日本に「長期戦略」はあるのか？

北朝鮮のミサイル発射は大きなニュースになるが、その陰でロシアと中国のミサイル開発も

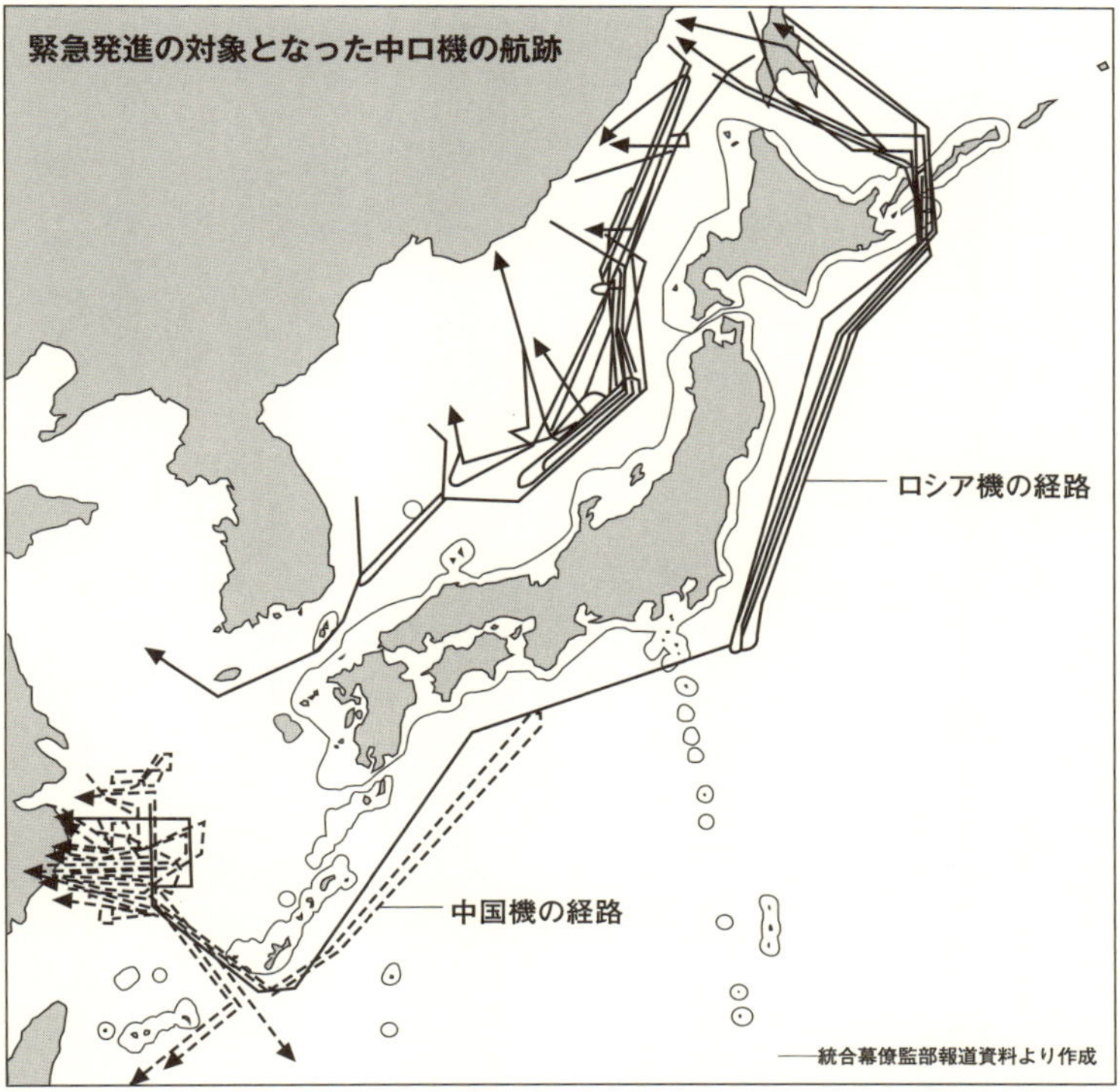
緊急発進の対象となった中ロ機の航跡
ロシア機の経路
中国機の経路
――統合幕僚監部報道資料より作成

着々と進んでいる。

ロシアはノルウェーに近いバレンツ海とモスクワに近いプレセツク宇宙基地から、カムチャツカ半島のクラ試験場に向けて潜水艦発射弾道ミサイル（ＳＬＢＭ）と大陸間弾道ミサイル（ＩＣＢＭ）を発射している。

二〇一七年は六月二七日にバレンツ海に展開する原子力潜水艦からＳＬＢＭを、九月二〇日にプレセツク宇宙基地から新型ＩＣＢＭ（ＲＳ－24ヤルス）の発射している。ＳＬＢＭはバレンツ海だけでなく二〇一四年五月にはオホーツク海でも発射されている。

中国は北西部にある酒泉衛星発射センターでミサイルの発射実験を行なっている。二〇一七年七月二三日には新型の人工衛星攻撃用ミサイル「ＤＮ－３」を発射した。このミサイルは有事の際に米国の軍事衛星を破壊するためのものだ。

このように日本周辺では、これまでにない新たな事象が増え続けている。防衛省はこうした事象に関する情報を収集・分析し、防衛政策に反映させなければならない。

「情報」を政策に反映するためには、目の前の事象だけでなく、長期的な視点で事象を観察する必要がある。しかし防衛省の「防衛白書」を読んでも、日本がどのような「長期戦略」を持っているのか見えてこない。

日本には一〇年程度の期間を見据えた防衛力整備の指針である「防衛計画の大綱」というものがある。しかし、果たして一〇年という期間は「長期」といえるのだろうか。単純に考えても、新しい装備（兵器など）の開発から実戦配備まで一〇年以上の時間が必要となるので、装備の導

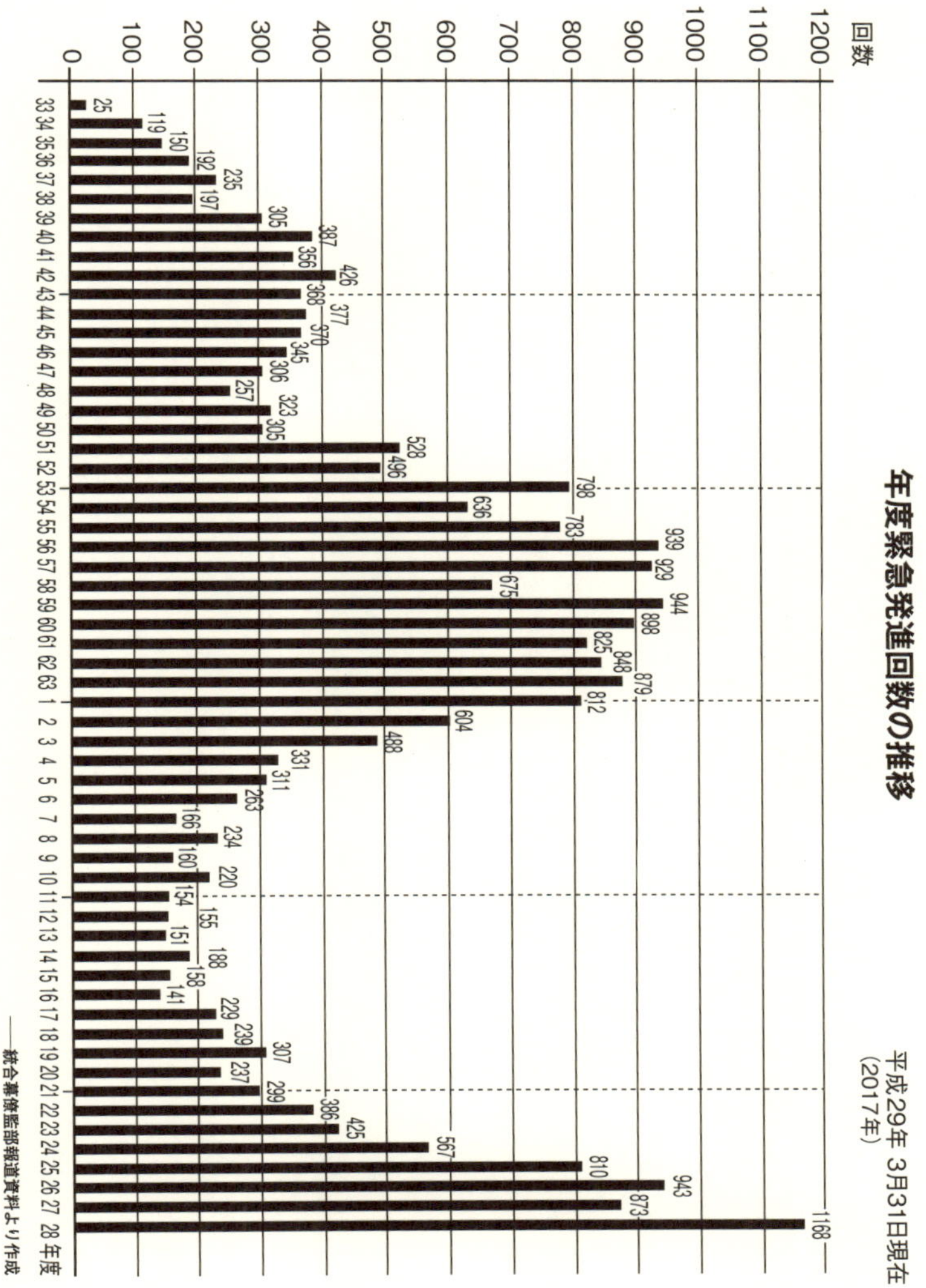
年度緊急発進回数の推移
平成29年 3月31日現在
（2017年）
回数
年度
──統合幕僚監部報道資料より作成

入計画を立てるだけでも、一〇年以上先の国際情勢を見据えておく必要がある。

防衛力全体の整備計画となれば、さらに数十年先を睨んだ長期的なビジョンが必要ではないだろうか。中国軍の脅威が増大し、ロシア軍が復活の兆しをみせている。さらに北朝鮮については、「朝鮮民主主義人民共和国」の崩壊も考慮し、日本政府としての対応策を策定しておかなければならない。

日本は努力しなくても「友好国」から情報が入ってくる。その情報がすべて「正確な情報」なら問題ないのだが、意図的な「不正確な情報」は排除する必要がある。

筆者が直接経験したのは、「友好国」の情報が事実と異なっていると分かっていても、不正確な事実をそのまま「上層部」へ報告するという悪弊だった。存在しないものを存在したことにし、存在しているものを削除していた。このような情報操作をしてしまったら、まともな分析は行なえないし、正確な報告書を作成することも出来ない。

「友好国」が分析結果を教えてくれるので、ナマの情報をもとにゼロから分析する必要はない、というのが「上層部」の判断だったのだろう。これでは何のために情報を収集しているのか分からない。しかし、防衛省の「上層部」は、そのような事実があることにすら気付いていないようだったので、悪弊を断ち切ることはできなかった。

現在もこうした情報が流入しているとしたら事態は深刻だ。日本は他国の思惑に振り回されることなく、自分の国は自分で守るという「独立国」として当然のことをするべきではないだろうか。国家の安全保障に関わる多くの情報を「他人任せ」にすることは危険だ。

二〇一三年（平成二五年）一二月一七日に閣議決定された「国家安全保障戦略について」では、「情報機能の強化」の項目で、「国家安全保障に関する政策判断を的確に支えるため、人的情報、公開情報、電波情報、画像情報等、多様な情報源に関する情報収集能力を抜本的に強化する。また、各種情報を融合・処理した地理空間情報の活用も進める。

さらに、高度な能力を有する情報専門家の育成を始めとする人的基盤の強化等により、情報分析・集約・共有機能を高め、政府が保有するあらゆる情報手段を活用した総合的な分析（オール・ソース・アナリシス）を推進する」（傍線筆者）と記されている。

また、同日閣議決定された「平成二六年度以降に係る防衛計画の大綱について」でも、情報機能について、「人的情報、公開情報、電波情報、画像情報等に関する収集機能及び無人機による常続監視機能の拡充を図るほか、画像・地図上において各種情報を融合して高度に活用するための地理空間情報機能の統合的強化、能力の高い情報収集・分析要員の統合的かつ体系的な確保・育成のための体制の確立等を図る」（傍線筆者）と記されている。

このように人材の育成を重視した内容となっているが、これまでのように絵に描いた餅にするのではなく、目標を達成していただきたいと思う。

おわりに――怒濤の自衛隊生活

筆者は商業高校を卒業したものの就職先がなく自衛隊へ入隊したわけだが、いまになってみれば、その選択は間違っていなかったと思う。

自衛隊は本人の意欲さえあれば、あらゆる可能性を引き出してくれる組織だからだ。冒頭で書いた通り、最後は嫌になって退職したわけだが、自衛隊に在職した一七年間で得た知識と経験は貴重なものであり、何物にも代えがたいものとなっている。

筆者の一風変わった経歴のはじまりは、筆者が三等空曹のときに、定年となる三等空佐（朝鮮語の語学幹部）の後継者として、朝鮮語に関連する業務を引き継いだことから始まっている。幹部の職務を空曹が引き継ぐことなど普通なら考えられないのだが、幹部に引き継がなかったのは人手不足という事情があった。

朝鮮語の仕事は先輩も同僚もいない孤独な仕事だったが、だからこそ頑張れたのかもしれない。

上司に「宮田のレベルが空自のレベルだぞ」と言われたこともあった。「護衛艦付き立入検査隊」の訓練に参加した時は、海自の隊員から「宮田二曹が死んだら防衛出動ですね」と言われた。冗談半分だが笑えない冗談だった。

簡単な採用試験で入隊したにもかかわらず、安定した道を歩くことなく風変わりな経験ばかりしてきた筆者だが、駆け出しの情報員だった頃は通信所が傍受したナマの情報（電文）を処理する機材のオペレーターだった。忙しくなると通信所の曹長殿から電話がかかってきて、「お前、仕事しとるんか？」と怒鳴られるということが続いたので一時間おきに胃薬を飲んでいた。

正確かつ迅速にデータを処理するためには、とにかく覚えることが多すぎた。しかし、数年が過ぎた頃に、ようやく要領よくできるようになった。極度に緊張するようなこともなくなり、曹長殿から怒鳴られることも少なくなった。

いまになって考えると、二〇代で熟練した曹長殿に「これでもか！」というくらい鍛えてもらえたのは幸運だったと思う。

筆者が現在、北朝鮮や中国の軍事について、書籍やインターネットで世間に意見を述べることができるのは、自衛隊と大学院で培った資料収集や分析の手法が身についているからなのかもしれない。とはいえ、現実には細かな分析もできないままマスコミからコメントを求められることがある。

インターネットで記事を配信する場合、昼頃に依頼がきて、夕方までに仕上げ、翌日配信ということもある。このような熟考を重ねたとは言い難いような文章を、不特定多数の人々に公開することは勇気がいる。

筆者の自衛隊での経験はわずか一七年に過ぎない。一七年の経験などたかが知れているうえ、筆者の経験は情報収集の現場に限定された極めて狭い範囲のものだ。しかし、現場にいたからこそ分かる「情報の価値」、そして「他国の情報に頼ることの危うさ」を認識することができた。

本書では、筆者自身の体験から（いろいろと脱線はしたが）情報組織が抱える諸問題について、現場目線で記したつもりだ。エリートの人々や百戦錬磨の大先輩からみたら稚拙な話だったかもしれない。

このような筆者の体験記だが、本書によって軍事情報の収集現場で起きていることについて、その片鱗だけでも知っていただく事ができれば望外の幸せである。

最後に、筆者を鍛えてくださった自衛隊の大先輩方、筆者のわがままを理解し、仕事に専念できるよう配慮してくださった元上司の方々に、この場を借りてお礼を申し上げたい。

二〇一八年一月

宮田敦司

戦後（1945年9月以降）の日本の情報組織の動き

1945年12月：内務省警保局公安課（公安警察）発足
1950年８月：警察予備隊発足
1952年４月：内閣官房調査室（内調）発足
1952年７月：公安調査庁発足
1954年７月：防衛庁・自衛隊発足
1957年８月：内閣官房調査室が内閣調査室に
1958年４月：陸上幕僚監部第2部別室（二別）発足
1978年１月：二別が陸上幕僚監部調査部調査第２課別室（調別）に
1983年９月：大韓航空機撃墜事件で調別の電波傍受記録公表
1986年７月：内閣調査室が内閣情報調査室に
1986年７月：合同情報会議発足
1997年１月：防衛庁情報本部発足（統合幕僚会議の「事務局第2幕僚室」を廃止。調別を吸収）
1997年１月：海上自衛隊情報業務群発足
1998年10月：内閣情報会議発足
2001年１月：内閣情報官新設
2001年３月：情報本部に緊急・動態部発足
2001年３月：航空自衛隊作戦情報隊発足
2001年４月：内閣衛星情報センター発足
2004年３月：情報本部の画像部を画像・地理部に改称
2004年８月：外務省国際情報統括官組織発足
2006年３月：緊急・動態部を廃止し、統合情報部発足
各幕僚監部の調査部を廃止、新たに陸上幕僚監部と航空幕僚監部に運用支援・情報部情報課を、海上幕僚監部に指揮通信情報部情報課を新設
2007年３月：陸上自衛隊中央情報隊発足
2009年８月：自衛隊情報保全隊発足
2013年12月：国家安全保障会議（日本版ＮＳＣ）発足

日本の情報機関は世界から舐《な》められている

自衛隊情報下士官が見たインテリジェンス最前線

2018年3月4日　第1刷発行

著　者　宮田敦司

発行者　皆川豪志

発行所　株式会社　潮書房光人新社

〒100-8077
東京都千代田区大手町1-7-2
電話番号／03-6281-9891（代）
http://www.kojinsha.co.jp

印刷製本　サンケイ総合印刷株式会社

定価はカバーに表示してあります。
乱丁、落丁のものはお取り替え致します。本文は中性紙を使用

ISBN978-4-7698-1657-7 C0095